Geometria plana e trigonometria

COLEÇÃO DESMISTIFICANDO A MATEMÁTICA

Geometria plana e trigonometria

Nelson Pereira Castanheira
Álvaro Emílio Leite

Rua Clara Vendramin, 58 • Mossunguê
CEP 81200-170 • Curitiba • PR • Brasil
Fone: (41) 2106-4170
www.intersaberes.com
editora@intersaberes.com

conselho editorial
Dr. Alexandre Coutinho Pagliarini
Drª Elena Godoy
Dr. Neri dos Santos
Dr. Ulf Gregor Baranow

editora-chefe
Lindsay Azambuja

gerente editorial
Ariadne Nunes Wenger

assistente editorial
Daniela Viroli Pereira Pinto

capa
Mayra Yoshizawa

projeto gráfico
Conduta Produções Editoriais

adaptação do projeto gráfico
Mayra Yoshizawa

diagramação
LAB Prodigital

1ª edição, 2014.
Foi feito o depósito legal.

Informamos que é de inteira responsabilidade dos autores a emissão de conceitos.

Nenhuma parte desta publicação poderá ser reproduzida por qualquer meio ou forma sem a prévia autorização da Editora InterSaberes.

A violação dos direitos autorais é crime estabelecido na Lei n. 9.610/1998 e punido pelo art. 184 do Código Penal.

Dados Internacionais de Catalogação na Publicação (CIP)
(Câmara Brasileira do Livro, SP, Brasil)

Leite, Álvaro Emílio
  Geometria plana e trigonometria/Nelson Pereira Castanheira, Álvaro Emílio Leite. – Curitiba: InterSaberes, 2014. – (Coleção Desmistificando a Matemática, v. 3).

  Bibliografia.
  ISBN 978-85-8212-913-5

  1. Geometria 2. Matemática – Estudo e ensino 3. Trigonometria I. Castanheira, Nelson Pereira. II. Título. III. Série.

13-08244   CDD-510.7

Índice para catálogo sistemático:
1. Matemática: Estudo e ensino   510.7

Sumário

Dedicatória 9

Agradecimentos 11

Epígrafe 13

Apresentação da coleção 15

Apresentação da obra 17

Como aproveitar ao máximo este livro 18

1. Conceitos geométricos primitivos 21
   - **1.1** Segmento de reta 27
     - 1.1.1 Razão entre dois segmentos 28
     - 1.1.2 Proporção entre segmentos 29
     - 1.1.3 Propriedade de um feixe de retas paralelas ... 30

2. Teorema de Tales 35

3. Ângulos 45
   - **3.1** Conceito de *ângulo* 47
   - **3.2** Unidades para medir ângulos 47
     - 3.2.1 Grau (°) 47
     - 3.2.2 Radiano (rad) 49
     - 3.2.3 Grado (gr) 50
     - 3.2.4 Conversão de unidades angulares 51
     - 3.2.5 Setor angular 52
   - **3.3** Classificação dos ângulos 53
   - **3.4** Bissetriz de um ângulo 57
   - **3.5** Ângulos de duas retas com uma reta transversal ... 57

4. Triângulos 63
   - **4.1** Elementos de um triângulo 65
   - **4.2** Características de um triângulo 66
   - **4.3** Classificação dos triângulos 69
   - **4.4** Altura de um triângulo 70
   - **4.5** Ortocentro de um triângulo 71
   - **4.6** Medianas e baricentro de um triângulo 72
   - **4.7** Incentro de um triângulo 72

4.8	Mediatriz e circuncentro de um triângulo	73
4.9	Aplicações do teorema de Tales em triângulos	74
4.10	Teorema da bissetriz interna	75
4.11	Teorema da bissetriz externa	77
4.12	Relações métricas em um triângulo qualquer	78
4.13	Figuras semelhantes	81
4.14	Triângulos semelhantes	82
	4.14.1 Teorema fundamental	84

5. Triângulos retângulos 91

5.1	Teorema de Pitágoras	93
5.2	Relações métricas no triângulo retângulo	96
5.3	Demonstração do teorema de Pitágoras	98

6. Razões trigonométricas no triângulo 107

6.1	As funções trigonométricas seno, cosseno e tangente	109
6.2	Construindo uma tabela de razões trigonométricas	111
6.3	Relações trigonométricas em um triângulo qualquer	114
	6.3.1 Lei ou teorema dos senos	115
	6.3.2 Lei ou teorema dos cossenos	119
6.4	As funções trigonométricas secante, cossecante e cotangente	123

7. Quadriláteros e áreas de figuras geométricas..129

7.1	Quadriláteros	131
7.2	Paralelogramos	135
	7.2.1 Algumas observações sobre o retângulo, o quadrado e o losango	135
7.3	Trapézios	135
7.4	Polígonos	136
	7.4.1 Elementos de um polígono regular	138
	7.4.2 Teoremas para os quadriláteros inscritíveis e circunscritíveis	140
	7.4.3 Diagonal de um polígono	141
7.5	Áreas de figuras geométricas	142
	7.5.1 Área de um quadrado	142
	7.5.2 Área de um retângulo	143
	7.5.3 Área de um triângulo	145

7.5.4 Área de um paralelogramo 148

7.5.5 Área de um losango 150

7.5.6 Área de um trapézio 151

7.5.7 Área de um polígono regular 153

7.5.8 Área de um círculo e perímetro de uma circunferência 154

7.5.9 Área de um setor circular 157

7.5.10 Área de uma coroa circular 158

8. Circunferência 165

8.1 Definição de *circunferência* 167

8.2 Arco de circunferência 167

8.3 Ângulos inscritos 168

8.4 Ângulos inscritos no mesmo arco 168

8.5 Retificação de arcos 169

8.6 Relação entre cordas 170

8.7 Relação entre segmentos secantes a uma circunferência 171

8.8 Relação entre segmentos tangentes a uma circunferência . 172

8.9 Relação entre secante e tangente 173

9. Exercícios de revisão 177

Para concluir 196

Referências 197

Respostas 198

Sobre os autores 207

Dedicatória

Dedico este livro à minha filha, Gabriela, a quem amo muito e agradeço pela compreensão e pela colaboração durante a execução desta obra.

Álvaro Emílio Leite

Dedico este livro aos meus filhos, Kendric, Marcel e Marcella, a quem agradeço pelos momentos de alegria que dividimos e pela compreensão nos momentos em que estive ausente para escrevê-lo.

Nelson Pereira Castanheira

Agradecimentos

Primeiramente, agradecemos a Deus por nos permitir, durante tantos anos, transmitir nossos conhecimentos aos estudantes dos mais diversos locais do país.

Agradecemos aos amigos que sempre nos incentivaram a permanecer na docência, levando o conhecimento àqueles que desejam crescer intelectual e profissionalmente.

Em especial, agradecemos aos nossos filhos, que são inquestionavelmente nossa alegria de viver e dos quais estivemos afastados durante a realização desta obra.

Epígrafe

Um chefe pode obrigar uma pessoa a fazer um trabalho, especialmente durante tempos econômicos difíceis, mas não pode, por definição, obrigá-la a entregar sua paixão e imaginação regularmente numa época em que o cérebro, muito mais do que o músculo, tem se convertido na pedra angular do êxito e do valor agregado.

Tom Peters

Apresentação da coleção

Durante toda a elaboração desta coleção, estivemos atentos à necessidade que as pessoas têm de compreender a matemática e à dificuldade que sentem para interpretar textos que são excessivamente complexos, com linguajar rebuscado e totalmente diferente daquele que utilizam no seu cotidiano.

Procuramos empregar, então, uma linguagem fácil e dialógica, para que o leitor não precise contar permanentemente com a presença de um professor, de um tutor ou de um profissional da área.

Especial atenção foi dada, também, à necessidade do estudante em desempenhar com sucesso outras disciplinas que tenham a Matemática como pré-requisito e à importância de o docente poder dispor de um livro-texto que facilite o seu papel de educador.

Nossa experiência mostrou, ainda, que, para o total aprendizado da matemática, é de suma importância a apresentação de exemplos resolvidos passo a passo e que deem o suporte necessário ao estudante para a resolução de outros exercícios similares sem dificuldade.

Os autores

Apresentação da obra

Escrito em linguagem dialógica, ou seja, de fácil compreensão, este livro foi elaborado em capítulos e estruturado para permitir sua aplicação tanto em cursos presenciais quanto em cursos de educação a distância.

No Capítulo 1, são descritos os conceitos geométricos primitivos, propiciando-se uma noção clara do que vêm a ser o ponto, a reta e o plano. São examinados os diversos tipos de segmentos de reta e o modo de estabelecer a razão entre dois segmentos e a proporção entre segmentos.

No Capítulo 2, é apresentado em detalhes o teorema de Tales aplicado a um feixe de retas paralelas sobre duas retas transversais, demonstrando-se, por meio de exemplos resolvidos, a aplicação desse teorema para a solução de problemas no cotidiano.

No Capítulo 3, os ângulos são estudados minuciosamente para preparar o leitor para o entendimento do tema.

Nos Capítulos 4 e 5, o estudo dos triângulos é aprofundado, com dados detalhados acerca de seus elementos, suas características e classificações.

No Capítulo 6, são abordadas as razões trigonométricas no triângulo, com especial atenção à lei ou teorema dos senos e à lei ou teorema dos cossenos.

No Capítulo 7, são apresentados os quadriláteros e o cálculo das áreas das principais figuras geométricas.

No Capítulo 8, é estudada a circunferência, bem como todas as suas características.

Finalmente, no Capítulo 9, é proposta uma série de exercícios de revisão, com as respostas fornecidas ao final do livro.

Boa leitura.

Como aproveitar ao máximo este livro

Este livro traz alguns recursos que visam enriquecer o seu aprendizado, facilitar a compreensão dos conteúdos e tornar a leitura mais dinâmica. São ferramentas projetadas de acordo com a natureza dos temas que vamos examinar. Veja a seguir como esses recursos se encontram distribuídos no projeto gráfico da obra.

Conteúdos do capítulo

Logo na abertura do capítulo, você fica conhecendo os conteúdos que nele serão abordados.

Após o estudo deste capítulo, você será capaz de:

Você também é informado a respeito das competências que irá desenvolver e dos conhecimentos que irá adquirir com o estudo do capítulo.

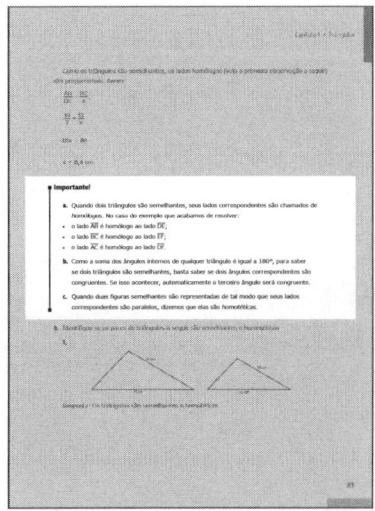

Importante!

Nesta seção, ganham destaque algumas informações fundamentais para a compreensão do conteúdo abordado.

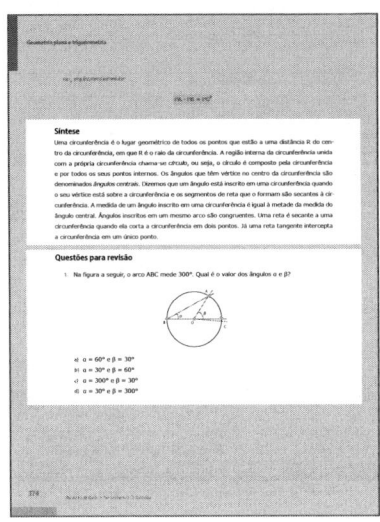

Síntese

Você dispõe, ao final do capítulo, de uma síntese que traz os principais conceitos nele abordados.

Questões para revisão

Com estas atividades, você tem a possibilidade de rever os principais conceitos analisados. Ao final do livro, os autores disponibilizam as respostas às questões, a fim de que você possa verificar como está sua aprendizagem.

Conceitos geométricos primitivos

Conteúdos do capítulo

- Conceitos geométricos primitivos.
- Teoria euclidiana.
- Segmento de reta.
- Propriedade de um feixe de retas paralelas.

Após o estudo deste capítulo, você será capaz de:

1. definir ponto, reta e plano;
2. definir retas concorrentes e retas paralelas;
3. definir feixe de retas paralelas e reta transversal;
4. distinguir segmentos consecutivos, colineares, congruentes e adjacentes;
5. estabelecer a razão entre dois segmentos;
6. estabelecer a proporção entre segmentos.

Você sabe dizer o que é um **conceito primitivo**?

É simples. Trata-se de um conceito que é aceito por ser óbvio ou conveniente para explicar determinada teoria. Esse tipo de conceito é utilizado como base para construir os postulados (ou axiomas) que formam a estrutura lógica de determinada teoria.

Agora você deve estar se perguntando o que é um **postulado**, certo?

Um postulado ou axioma é uma sentença que não pode ser provada ou demonstrada, mas simplesmente aceita para que uma teoria seja construída.

Para o estudo da geometria, alguns postulados são de suma importância. Veja alguns exemplos:

1. Existem infinitos pontos no universo.
2. Existem infinitas retas no universo.
3. Existem infinitos planos no universo.

No caso da geometria euclidiana[1], são exemplos de conceitos primitivos o **ponto**, a **reta** e o **plano**. Como esses conceitos não podem ser definidos, vamos nos preocupar simplesmente com suas representações.

- **Pontos**: Serão representados por letras latinas maiúsculas, como A, B, C e D.
- **Retas**: Serão representadas por letras latinas minúsculas, como r, s e t.
- **Planos**: Serão representados por letras gregas minúsculas, como α (alfa), β (beta), γ (gama) e δ (delta).

A representação gráfica desses elementos pode ser feita da seguinte forma:

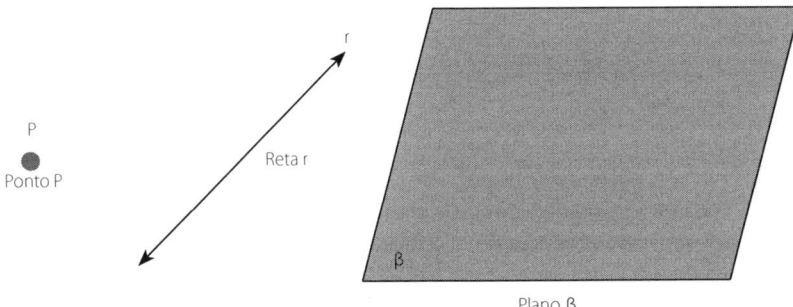

Alguns postulados e definições importantes da teoria euclidiana valem ser destacados.

---

[1] Euclides de Alexandria (325 a.C.–265 a.C.) foi um professor, matemático platônico e escritor, possivelmente grego, referido como o pai da geometria. Ele era ativo em Alexandria durante o reinado de Ptolomeu I (Enciclopédia, 2004).

a. Uma reta tem infinitos pontos.

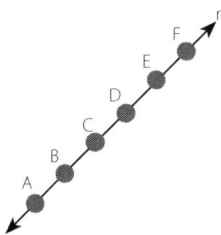

Entre os pontos representados na reta, existem outros infinitos pontos.

b. Dois pontos são suficientes para determinar uma reta.

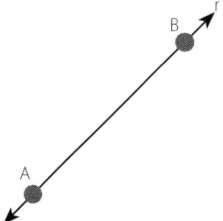

Os pontos A e B determinam a reta **r**.

c. Três pontos são ditos *colineares* quando por eles passa uma reta.

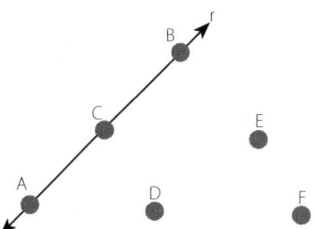

Os pontos A, B e C são colineares, pois por eles passa a reta **r**. Já os pontos D, E e F não são colineares, pois nenhuma reta é capaz de passar, simultaneamente, pelos três pontos.

d. Três pontos não colineares determinam um único plano.

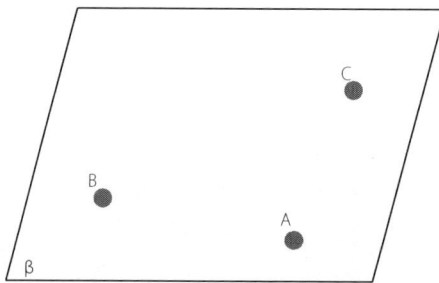

Os pontos A, B e C são suficientes para determinar o plano β.

e. Se uma reta passa por dois pontos pertencentes a um plano, a reta também pertence a esse plano.

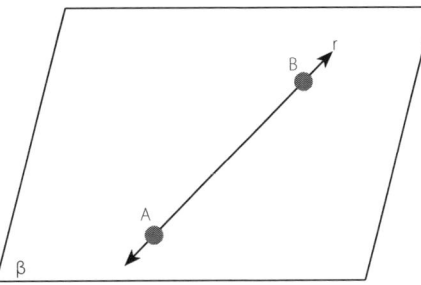

Os pontos A e B pertencem ao plano β e passam pela reta **r**. Então, a reta **r** pertence ao plano β.

f. Duas retas são paralelas quando não têm nenhum ponto em comum, ou seja, elas não se interceptam.

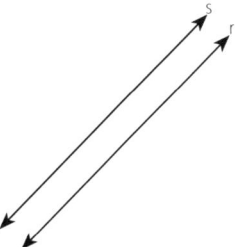

As retas **r** e **s** são paralelas, pois nunca se cruzam. Podemos escrever:

$$r \mathbin{/\mkern-3mu/} s \text{ ou } r \cap s = \{\ \}$$

g. Duas retas são concorrentes quando têm um ponto de interseção, ou seja, quando as retas não são paralelas.

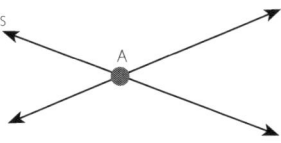

O ponto A é o ponto de interseção das retas **r** e **s**. Podemos escrever:

$$r \cap s = \{A\}$$

h. Duas retas são perpendiculares quando, além de concorrentes, formam ângulos de 90° (é utilizada a notação ⊥ para representar que as duas retas são perpendiculares).

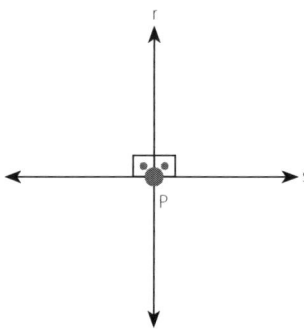

Importante!

Se você ainda não conhece os ângulos, não se preocupe. Você aprenderá esse assunto no Capítulo 3 deste livro.

i. Um feixe de retas paralelas é obtido se tomarmos três ou mais retas paralelas entre si.

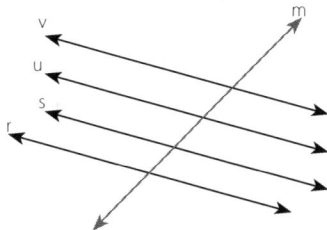

As retas **r**, **s**, **u** e **v** formam um feixe de retas paralelas. A reta **m** corta o feixe de retas paralelas e é chamada de *reta transversal*.

j. O postulado de Euclides, também conhecido como *axioma de Playfair*, indica que:

Por um ponto fora de uma reta só podemos traçar uma única paralela a essa reta.

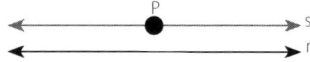

Considere a reta **r** e o ponto P, fora da reta **r**. Por esse ponto passa uma única reta que é paralela à reta **r**: a reta **s**.

1.1 Segmento de reta

Você verificou que as retas são representadas por letras latinas minúsculas, como por exemplo, **r**, **s** e **t**. Depois, aprendeu que uma reta é formada por infinitos pontos justapostos e que dois pontos são suficientes para determinar uma reta.

E segmento de reta, o que é isso?

Se você procurar o significado da palavra *segmento* no dicionário, verificará que ela significa o mesmo que *parte* ou *pedaço*.

Em geometria, não é diferente. Um segmento de reta é uma parte de uma reta, um pedaço de uma reta. Mais especificamente, é o conjunto de pontos de uma reta que estão entre dois pontos. Esses dois pontos são as extremidades do segmento.

Exemplo:

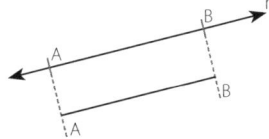

$\overline{AB}$ é um segmento da reta **r**. Por convenção, a representação de um segmento é feita colocando-se um traço sobre os pontos que representam as extremidades do segmento. No caso do nosso exemplo, esses pontos são o ponto A e o ponto B, pertencentes à reta **r**. Se desejamos nos referir ao comprimento, ou medida, do segmento $\overline{AB}$, não devemos colocar o traço sobre as letras. Assim:

- $\overline{AB}$ denota o segmento.
- AB é a medida do segmento $\overline{AB}$.

Dois segmentos de retas podem ser denominados *consecutivos*, *colineares*, *congruentes* ou *adjacentes*. Vamos ver agora as diferenças entre eles.

a) **Segmentos consecutivos**: Dois segmentos de reta são ditos *consecutivos* quando a extremidade de um deles também é extremidade do outro.

Exemplo:

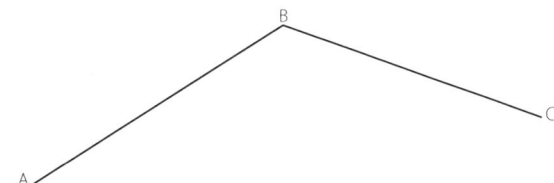

Os segmentos $\overline{AB}$ e $\overline{BC}$ são consecutivos.

b) **Segmentos colineares**: Dois segmentos de reta são ditos *colineares* quando estão contidos em uma mesma reta **r**.

Exemplo:

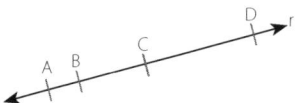

$\overline{AB}$ e $\overline{CD}$ são segmentos colineares, pois estão contidos em uma mesma reta.

c) **Segmentos congruentes**: São os segmentos que têm o mesmo comprimento. O símbolo utilizado para representar a congruência é ≅.

Exemplo:

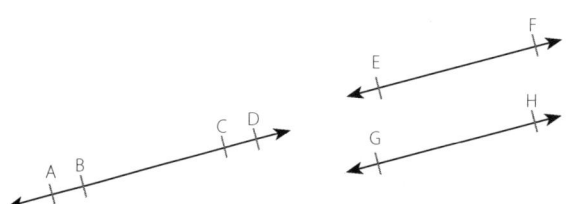

$\overline{AB} \cong \overline{CD}$ → significa que os segmentos $\overline{AB}$ e $\overline{CD}$ são congruentes, ou seja, têm o mesmo comprimento.
$\overline{EF} \cong \overline{GH}$ → significa que os segmentos $\overline{EF}$ e $\overline{GH}$ são congruentes, ou seja, têm o mesmo comprimento.

d) **Segmentos adjacentes**: Trata-se dos segmentos que, ao mesmo tempo, são consecutivos e colineares e que só têm em comum um ponto da extremidade.

Exemplo:

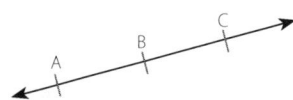

O segmento $\overline{AB}$ é adjacente ao segmento $\overline{BC}$. O ponto comum é o ponto B.

1.1.1 Razão entre dois segmentos

Você saberia dizer o que é uma razão entre dois segmentos?

Chamamos de *razão* o quociente entre as medidas de dois segmentos, medidos na mesma unidade.

Exemplo:

Calcule a razão entre os segmentos $\overline{MN}$ e $\overline{PQ}$ sabendo que MN = 5 e PQ = 20.

$$\frac{MN}{PQ} = \frac{5}{20} = \frac{1}{4}$$

(÷ 5)

Assim, $\frac{1}{4}$ é a razão procurada!

1.1.2 Proporção entre segmentos

Agora que você já sabe o que é uma razão entre dois segmentos, deve também lembrar que uma proporção é uma igualdade entre duas razões. Dessa forma, quatro segmentos são ditos *proporcionais* quando a razão entre os dois primeiros é igual à razão entre os dois últimos.

Assim, $\overline{MN}$, $\overline{PQ}$, $\overline{AB}$, $\overline{CD}$ são, nessa ordem, segmentos proporcionais, quando:

$$\frac{MN}{PQ} = \frac{AB}{CD}$$

Lembre-se de que todos os segmentos devem estar na mesma unidade. Por exemplo, todos eles devem ser expressos em centímetros, ou então em metros, ou em quilômetros, e assim por diante.

Exemplo:

Os segmentos $\overline{MN}$, $\overline{PQ}$, $\overline{AB}$, $\overline{CD}$, nessa ordem, são proporcionais. Calcule a medida do segmento $\overline{CD}$ sabendo que:

MN = 3 m

PQ = 7 m

AB = 12 m

A proporção é a seguinte:

$$\frac{MN}{PQ} = \frac{AB}{CD}$$

Conhecemos a medida de três segmentos e temos de determinar a medida do quarto:

$$\frac{3}{7} = \frac{12}{CD}$$

Aplicando a propriedade fundamental das proporções, segundo o qual o produto dos meios é igual ao produto dos extremos, obtemos:

$3 \cdot CD = 7 \cdot 12$

$3 \cdot CD = 84$

$CD = \dfrac{84}{3}$

$CD = 28 \text{ m}$

1.1.3 Propriedade de um feixe de retas paralelas

Considere que a distância que separa cada uma das retas **r**, **s**, **t**, **u**, **v** é a mesma.

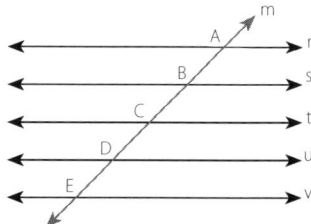

A reta **m** é uma reta transversal ao feixe de paralelas. Como a distância entre as retas do feixe de paralelas é a mesma, temos:

$\overline{AB} \cong \overline{BC} \rightarrow \overline{AB}$ é congruente a $\overline{BC}$

$\overline{BC} \cong \overline{CD} \rightarrow \overline{BC}$ é congruente a $\overline{CD}$

$\overline{CD} \cong \overline{DE} \rightarrow \overline{CD}$ é congruente a $\overline{DE}$

Lembre-se de que **segmentos congruentes** são aqueles que têm o **mesmo comprimento**.

Sobre o mesmo feixe de paralelas, vamos traçar outra reta transversal **n**.

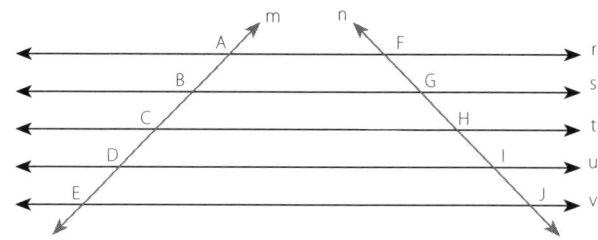

Assim como fizemos com os segmentos que estão sobre a reta **m**, podemos estabelecer a congruência entre os segmentos que estão sobre a reta **n**:

$\overline{FG} \cong \overline{GH} \rightarrow \overline{FG}$ é congruente a $\overline{GH}$

$\overline{GH} \cong \overline{HI} \rightarrow \overline{GH}$ é congruente a $\overline{HI}$

$\overline{HI} \cong \overline{IJ} \rightarrow \overline{HI}$ é congruente a $\overline{IJ}$

De forma geral, pode ser verificado que:

Quando um feixe de retas paralelas determina segmentos congruentes sobre uma reta transversal, também determina segmentos congruentes sobre qualquer outra reta transversal.

Síntese

Um conceito primitivo é um conceito que é aceito por ser óbvio ou conveniente para explicar determinada teoria. Esse tipo de conceito é utilizado como base para construir os postulados que formam a estrutura lógica de determinada teoria. Um postulado é uma sentença que não pode ser provada ou demonstrada, mas simplesmente aceita para que uma teoria seja construída. Pontos são representados por letras latinas maiúsculas, como A, B, C e D. Retas são representadas por letras latinas minúsculas, como r, s e t. Planos são representados por letras gregas minúsculas, como α (alfa), β (beta), γ (gama) e δ (delta). Um segmento de reta é uma parte de uma reta, um pedaço de uma reta; mais especificamente, é o conjunto de pontos de uma reta que estão entre dois pontos. Dois segmentos de retas podem ser denominados *consecutivos*, *colineares*, *congruentes* ou *adjacentes*. Chamamos de *razão* o quociente entre medidas de dois segmentos, medidos na mesma unidade. Dessa forma, quatro segmentos são ditos *proporcionais* quando a razão entre os dois primeiros é igual à razão entre os dois últimos.

Questões para revisão

1. Os segmentos $\overline{AB}$, $\overline{CD}$, $\overline{EF}$, $\overline{GH}$, nessa ordem, são proporcionais. Determine a medida do segmento $\overline{EF}$ e, em seguida, marque a alternativa correta.

    Dados:
    AB = 5 cm
    CD = 6 cm
    GH = 15 cm
    a) 10,0 cm
    b) 11,3 cm
    c) 12,5 cm
    d) 13,7 cm

2. A distância entre as retas **r** e **s** e entre as retas **s** e **t** é igual. Calcule o comprimento dos segmentos $\overline{BC}$ e $\overline{FG}$.

    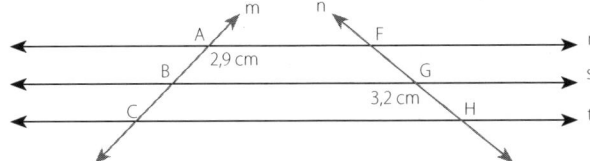

    a) $\overline{BC}$ = 2,9 cm; $\overline{FG}$ = 3,2 cm
    b) $\overline{BC}$ = 3,2 cm; $\overline{FG}$ = 2,9 cm
    c) $\overline{BC}$ = 2,7 cm; $\overline{FG}$ = 3,0 cm
    d) $\overline{BC}$ = 3,0 cm; $\overline{FG}$ = 2,7 cm

3. Os segmentos $\overline{AB}$ e $\overline{BC}$ são:

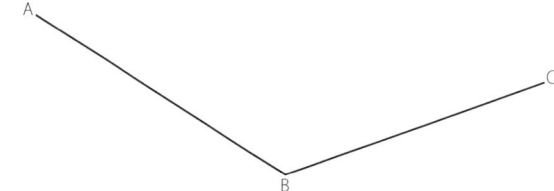

   a) consecutivos.
   b) colineares.
   c) congruentes.
   d) adjacentes.

4. Calcule a razão entre os segmentos $\overline{AB}$ e $\overline{BC}$ sabendo que AB = 10 e CD = 30.

   a) 3
   b) $\frac{1}{6}$
   c) $\frac{1}{3}$
   d) 6

Teorema de Tales

Conteúdo do capítulo

- Teorema de Tales.

Após o estudo deste capítulo, você será capaz de:

1. resolver exercícios com a aplicação do teorema de Tales.

Conta a história que Tales de Mileto[1], nascido no século VII antes de Cristo, foi um matemático grego que estudou astronomia e geometria no Egito. Ficou famoso por conseguir determinar indiretamente a altura da pirâmide de Quéops. Considerou, para isso, que os raios solares incidem sobre a superfície terrestre como um feixe de retas paralelas.

O teorema enunciado por Tales indica que:

Um feixe de retas paralelas determina, sobre duas retas transversais, segmentos proporcionais.

O que isso quer dizer?

Quer dizer que, se tivermos duas retas transversais a um feixe de retas paralelas, podemos estabelecer a proporcionalidade entre vários de seus segmentos. Caso não conheçamos o comprimento de um deles, podemos calculá-lo utilizando as propriedades das proporções. Vejamos: as retas **r**, **s** e **t** formam um feixe de retas paralelas. As retas **m** e **n** são transversais ao feixe.

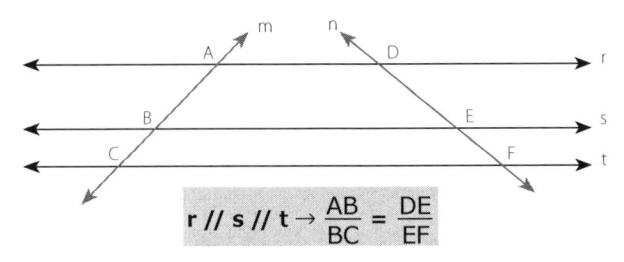

$$r \;//\; s \;//\; t \rightarrow \frac{AB}{BC} = \frac{DE}{EF}$$

Note que, de acordo com o teorema de Tales, ainda é possível considerar outras proporções:

$$\frac{AB}{AC} = \frac{DE}{DF}$$

$$\frac{BC}{AC} = \frac{EF}{DF}$$

$$\frac{AB}{DE} = \frac{BC}{EF}$$

Exemplos:

a) Considere que r//s//t e determine o comprimento de **x**.

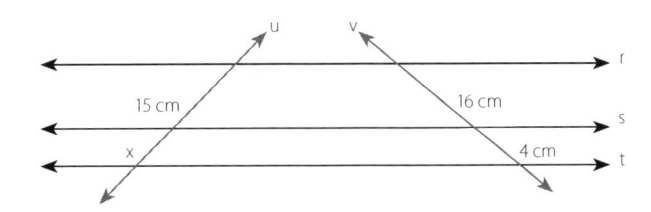

---

[1] Tales de Mileto nasceu em torno de 624 a.C., na Ásia Menor (Turquia) e morreu em 545 a.C., em Mileto. Foi geômetra e astrônomo, sendo considerado um dos sete sábios da Grécia (Chaui, 2009).

De acordo com o teorema de Tales, podemos escrever:

$$\frac{15}{x} = \frac{16}{4}$$

Aplicando a propriedade fundamental das proporções, obtemos:

$16x = 4 \cdot 15$

$16x = 60$

$x = \frac{60}{16}$

$x = 3,75$ cm

b) Determine o valor de **x**, sabendo que r//s//t e que x < 2.

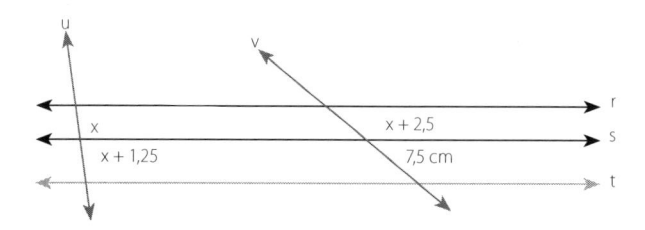

Pelo teorema de Tales, podemos escrever:

$$\frac{x + 1,25}{x} = \frac{7,5}{x + 2,5}$$

Aplicando a propriedade fundamental das proporções, temos:

$(x + 1,25)(x + 2,5) = 7,5x$

Agora vamos desenvolver os produtos entre os binômios:

$x^2 + 2,5x + 1,25x + 3,125 = 7,5x$

Note que a expressão resultante é uma equação do segundo grau. Vamos deixar todos os termos no primeiro membro:

$x^2 + 2,5x + 1,25x + 3,125 - 7,5x = 0$

Agora vamos unir os termos semelhantes e obter a equação do segundo grau na sua forma geral:

$x^2 - 3,75x + 3,125 = 0$

Os coeficientes dessa equação são:

$a = 1$

$b = -3,75$

$c = 3,125$

Vamos agora calcular o discriminante:

$\Delta = b^2 - 4ac$

$\Delta = (-3,75)^2 - 4 \cdot 1 \cdot 3,125$

$\Delta = 14,0625 - 12,5$

$\Delta = 1,5625$

Como $\Delta > 0$, temos duas respostas para a equação do segundo grau:

$x = \dfrac{-b \pm \sqrt{\Delta}}{2a}$

$x = \dfrac{-(-3,75) \pm \sqrt{1,5625}}{2 \cdot 1}$

$x = \dfrac{3,75 \pm 1,25}{2}$

$x_1 = \dfrac{5}{2} = 2,5$

$x_2 = \dfrac{2,5}{2} = 1,25$

A equação do segundo grau nos fornece duas possíveis soluções para o comprimento de **x**. Entretanto, o enunciado afirma que $x < 2$. Logo, a resposta que nos interessa é:

$x_2 = 1,25$ cm

c) Calcule as medidas dos segmentos $\overline{DE}$ e $\overline{EF}$, sabendo que r//s//t e que:

AB = 6 cm

BC = 10,8 cm

DF = 33,6 cm

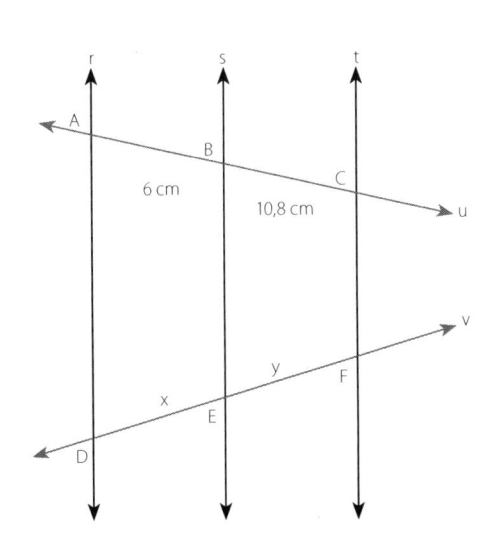

Geometria plana e trigonometria

Vamos chamar o comprimento DE de **x** e EF de **y**. Assim, pelo teorema de Tales, temos:

$$\frac{6}{10,8} = \frac{x}{y}$$

Você se lembra da primeira propriedade das proporções? Vamos recapitular:

> **1ª propriedade das proporções**: A soma ou a diferença dos dois primeiros termos de qualquer proporção está para o primeiro termo (ou para o segundo) assim como a soma ou a diferença dos dois últimos termos está para o terceiro termo (ou para o quarto).

Assim, podemos escrever que:

$$\frac{6+10,8}{10,8} = \frac{x+y}{y}$$

Sabemos que x + y = DF = 33,6. Logo:

$$\frac{16,8}{10,8} = \frac{33,6}{y}$$

16,8y = 10,8 · 33,6

16,8y = 362,88

$$y = \frac{362,88}{16,8} = 21,6 \text{ cm}$$

Assim:

x + 21,6 = 33,6

x = 33,6 − 21,6

x = 12 cm

Síntese

O teorema enunciado por Tales indica que um feixe de retas paralelas determina, sobre duas retas transversais, segmentos proporcionais. Isso significa que, se tivermos duas retas transversais a um feixe de retas paralelas, podemos estabelecer a proporcionalidade entre vários de seus segmentos. Caso não conheçamos o comprimento de um deles, podemos calculá-lo utilizando as propriedades das proporções.

Questões para revisão

1. Dadas as retas paralelas r//s//t e as retas transversais **a** e **b**, calcule o valor da medida **x**.

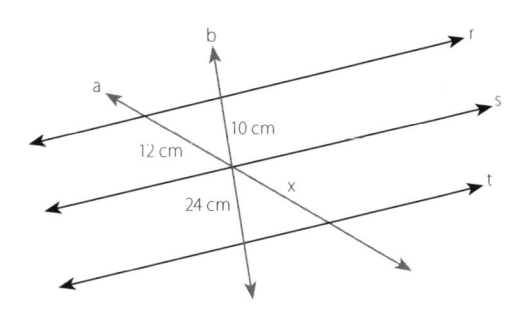

   a) 28,8 cm
   b) 31,4 cm
   c) 35,6 cm
   d) 40,1 cm

2. Dadas as retas paralelas r//s//t e as retas transversais **a** e **b**, calcule o valor da medida **x** sabendo que x > 3,8 cm.

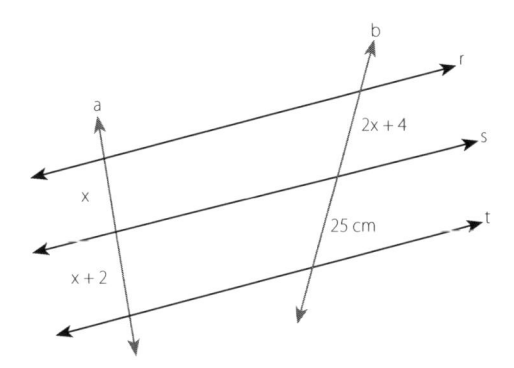

   a) 4 cm
   b) 6 cm
   c) 8 cm
   d) 10 cm

Geometria plana e trigonometria

3. No desenho a seguir estão representados os terrenos I, II e III.

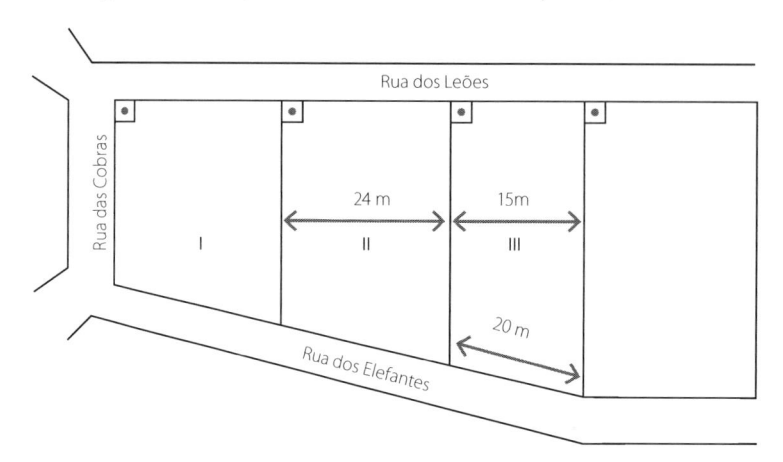

Quantos metros de comprimento deverá ter o muro que o proprietário do terreno II construirá para fechar o lado que faz frente com a Rua dos Elefantes?

   a) 25 m
   b) 28 m
   c) 30 m
   d) 32 m

4. A seguir temos a planta de alguns terrenos localizados em um loteamento qualquer de uma cidade. Temos de ajudar o engenheiro da cidade a calcular os valores dos comprimentos **x** e **y** que estão marcados na figura. Vamos ajudá-lo? Quais os valores de **x** e de **y**?

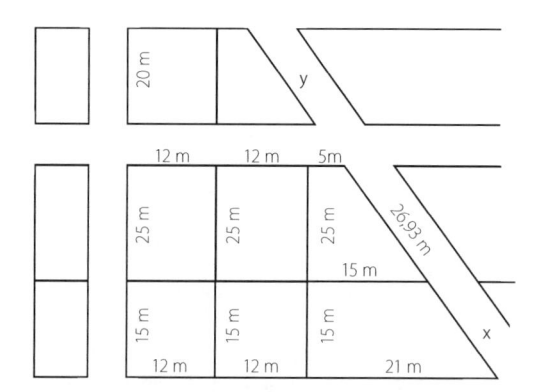

   a) x = 17,17 m; y = 21,00 m
   b) x = 16,16 m; y = 21,54 m
   c) x = 15,00 m; y = 26,93 m
   d) x = 19,00 m; y = 22,00 m

3

Ângulos

Conteúdos do capítulo

- Conceito de *trigonometria*.
- Conceito de *ângulo*.
- Unidades para medir ângulos.
- Conversão de unidades angulares.
- Classificação dos ângulos.

Após o estudo deste capítulo, você será capaz de:

1. conceituar trigonometria;
2. realizar conversões entre grau, radiano e grado;
3. realizar cálculos com ângulos.

Você certamente já ouviu por diversas vezes a palavra *trigonometria*. Mas o que é isso? O que significa essa palavra?

A palavra *trigonometria* vem do grego *trigono* (triangular) e *metria* (medida) e acredita-se que, como ciência, tenha nascido com o astrônomo grego Hiparco de Niceia (190 a.C.–125 a.C.). Apesar de se definir comumente que a trigonometria é a parte da matemática que estuda as funções trigonométricas e estabelece os métodos de resolução de triângulos, ela não se limita ao estudo desses assuntos. A trigonometria também é utilizada na geometria para o estudo das esferas (trigonometria esférica) e tem aplicações na engenharia, na medicina, na astronomia, na mecânica e em inúmeras outras áreas.

3.1 Conceito de *ângulo*

Ângulo é a região do plano limitada por duas semirretas de mesma origem, chamada *vértice do ângulo*. As semirretas são os lados do ângulo.

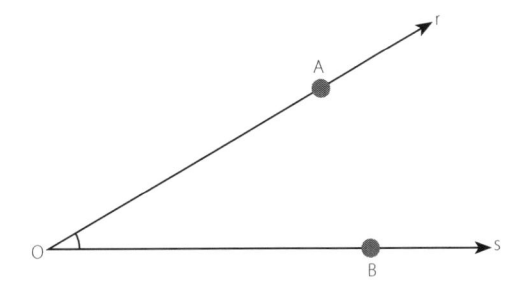

Na figura anterior, temos representado o ângulo AÔB, limitado pelas semirretas $\overline{AO}$ e $\overline{OB}$. O ponto O é o vértice do ângulo e as semirretas são os seus lados.

Fácil, não é?

Vamos, então, verificar como é que se procede para medir um ângulo.

3.2 Unidades para medir ângulos

As três unidades mais comuns utilizadas para medir o quanto vale um ângulo são o **grau**, o **radiano** e o **grado**. A adoção de uma ou de outra unidade depende de questões históricas e regionais. No Sistema Internacional de Unidades (SI), a unidade adotada para medir ângulos é o radiano. Vejamos a seguir as características de cada uma delas.

3.2.1 Grau (°)

Um grau (1°) corresponde a $\frac{1}{360}$ do ângulo completo de uma circunferência. Assim, o ângulo de 90° corresponde a $\frac{1}{4}$ do ângulo completo da circunferência, 180° corresponde a $\frac{1}{2}$ do ângulo completo da circunferência, 270° corresponde a $\frac{3}{4}$ do ângulo completo da circunferência e 360° é o ângulo completo da circunferência.

Geometria plana e trigonometria

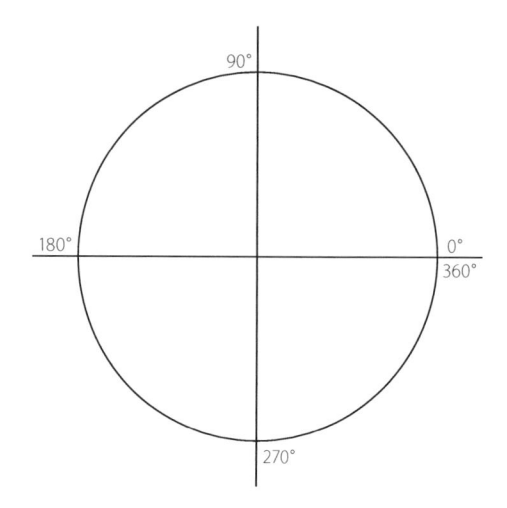

No desenho, temos uma circunferência dividida em quatro partes e os ângulos em graus demarcando cada divisão.

Precisamos, primeiramente, conhecer algumas informações importantes sobre a circunferência. Vejamos o desenho a seguir.

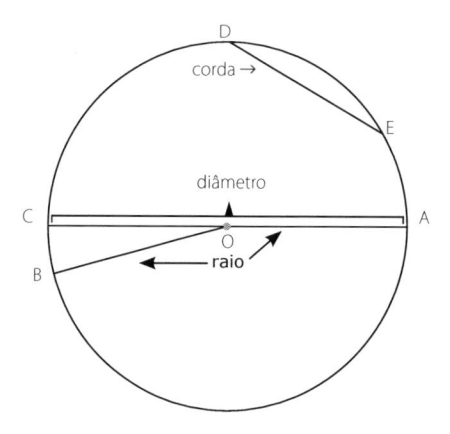

Circunferência é uma curva definida como o lugar geométrico dos pontos equidistantes de um ponto central, fixo, a que denominamos *centro da circunferência*. No desenho, o ponto O é o **centro da circunferência**.

O **raio da circunferência** é o segmento de reta que tem uma extremidade no centro da circunferência e a outra em qualquer ponto desta. No desenho anterior, temos como exemplos os raios $\overline{AO}$ e $\overline{OB}$.

A região limitada pela circunferência é constituída por infinitos pontos e é identificada como o seu interior. A união da circunferência com esses pontos interiores é denominada *círculo*.

Um segmento de reta qualquer que tenha suas extremidades na circunferência é denominado *corda*. No desenho, temos como exemplos de **cordas** os segmentos $\overline{DE}$ e $\overline{AC}$.

Uma corda particular é o **diâmetro**, representado na figura pelo segmento $\overline{AC}$. Observe que o diâmetro é uma corda que passa pelo centro da circunferência, ou seja, passa pelo centro do círculo, e seu comprimento é igual a **2 · r**. É, portanto, a maior corda da circunferência.

Voltemos às unidades de medida de um ângulo.

Para medirmos um ângulo, estamos medindo o menor arco que esse ângulo determina em uma circunferência, estando o centro do ângulo coincidente com o centro da circunferência. Na circunferência representada a seguir, o arco $\widehat{AB}$ mede 90°; o arco $\widehat{ABC}$ mede 180°; o arco $\widehat{ABCD}$ mede 270°; o arco $\widehat{ABCDA}$ mede 360°.

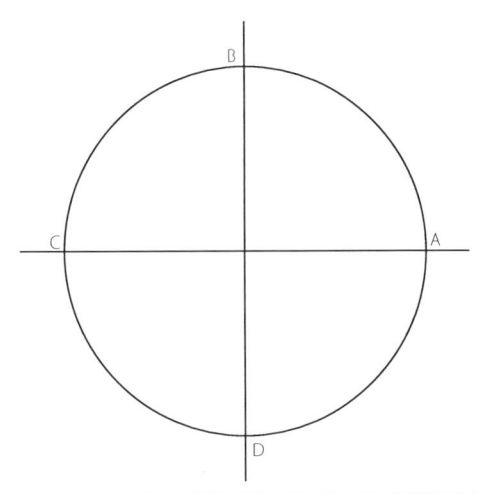

O grau na história: Você sabe por que dizemos que um ângulo reto tem 90°?
O surgimento do grau ocorreu por volta de 4000 a.C., quando egípcios e árabes tentavam elaborar um calendário. Naquela época, acreditava-se que o Sol girava em torno da Terra e que o tempo total da órbita daquele era igual a 360 dias. Assim, um grau (1°) seria o ângulo varrido pelo Sol em um dia. Por mais que hoje tenhamos a convicção de que é a Terra que gira em torno do Sol e de que o tempo que leva para fazer isso é 365 dias e 6 horas, a convenção de considerar que uma circunferência tem 360° ainda é a mais utilizada (Moyer; Ayres Júnior, 2009).

Um grau pode ser dividido em 60 partes iguais. A cada uma dessas partes damos o nome de *minuto* e representamos por 1'. Então, 1° = 60'.

Podemos ainda dividir um minuto em 60 partes iguais e a cada uma dessas partes damos o nome de *segundo*. Representamos por 1". Então, 1' = 60".

3.2.2 Radiano (rad)

A segunda unidade de medida também muito utilizada para sabermos o quanto vale um ângulo é o radiano.

Um radiano equivale ao ângulo formado pelo comprimento do arco da circunferência que tem a mesma medida do raio. Por exemplo, um arco equivalente a 2 radianos tem a medida equivalente a duas vezes a medida do raio da circunferência.

Você sabe o que é um **arco de circunferência**?
É simplesmente a parte de uma circunferência que está compreendida entre dois de seus pontos. Na circunferência ao lado, os pontos A e B marcados sobre a circunferência delimitam o arco $\widehat{AB}$.

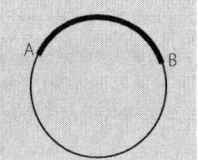

Geometria plana e trigonometria

A unidade de medida *radiano* surgiu ainda na Grécia antiga, quando os matemáticos desejavam encontrar uma relação entre a medida do raio da circunferência e a medida do seu perímetro. Os gregos perceberam que a razão entre o perímetro e o raio de qualquer circunferência resultava sempre em 6,28. Em outras palavras, a medida do perímetro de uma circunferência qualquer é aproximadamente 6,28 vezes a medida do seu raio.

Mais tarde, com experiências mais precisas e com a evolução da matemática, verificou-se que a constante 6,28 é equivalente, aproximadamente, ao número irracional π multiplicado por 2. Assim, passou-se a considerar que o perímetro de qualquer circunferência é igual a **P = 2πr**.

Dividindo a medida do perímetro da circunferência pelo seu raio, encontramos o ângulo em radianos que existe numa volta completa:

$$\alpha = \frac{P}{r} = \frac{2\pi r}{r} = 2\pi$$

Ou seja, o ângulo de uma volta completa é igual a 2π radianos. Note que, como estamos dividindo uma medida de comprimento (o perímetro) por outra medida de comprimento (o raio), o radiano é uma unidade de medida adimensional.

No desenho a seguir, temos uma circunferência dividida em quatro partes e os ângulos em radianos demarcando cada divisão.

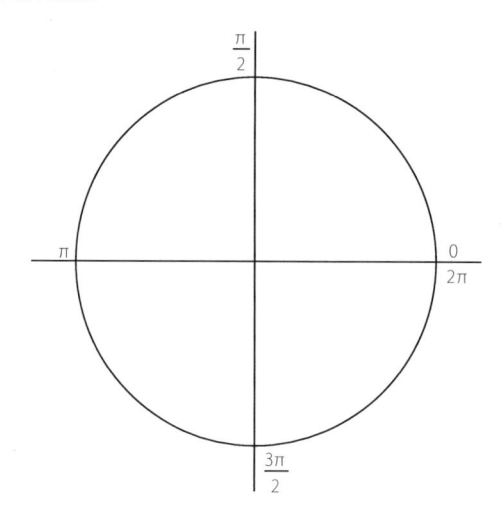

3.2.3 Grado (gr)

Agora, vamos estudar a terceira medida para ângulos: o grado.

Um grado, também conhecido como *1 gradiano*, corresponde a $\frac{1}{400}$ do ângulo completo de uma circunferência. Assim, uma volta completa tem 400 grados.

A palavra *grado* é originária do francês *grade*. Essa unidade de medida foi introduzida com o sistema métrico decimal com a finalidade de facilitar os cálculos. Foi muito empregada pela indústria francesa de armas, tornando-se necessário saber utilizar essa unidade angular para operar corretamente as armas utilizadas no exército francês (Moyer; Ayres Júnior, 2009).

A unidade *grado* não teve adesão e está cada vez mais em desuso.

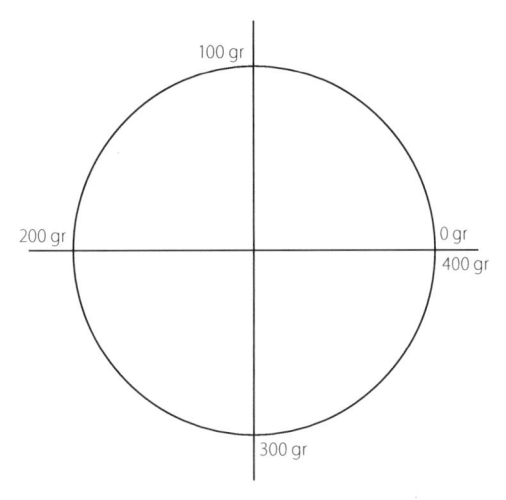

No desenho anterior, temos uma circunferência dividida em quatro partes e os ângulos em grados demarcando cada divisão.

3.2.4 Conversão de unidades angulares

As correspondências entre as unidades podem ser visualizadas no Quadro 3.1, a seguir. Nesse quadro, são mostrados os ângulos que dividem a circunferência em quatro partes (ou quadrantes). Qualquer outra transformação de unidade pode ser obtida utilizando-se uma regra de três simples.

Quadro 3.1 – Circunferência dividida em quadrantes

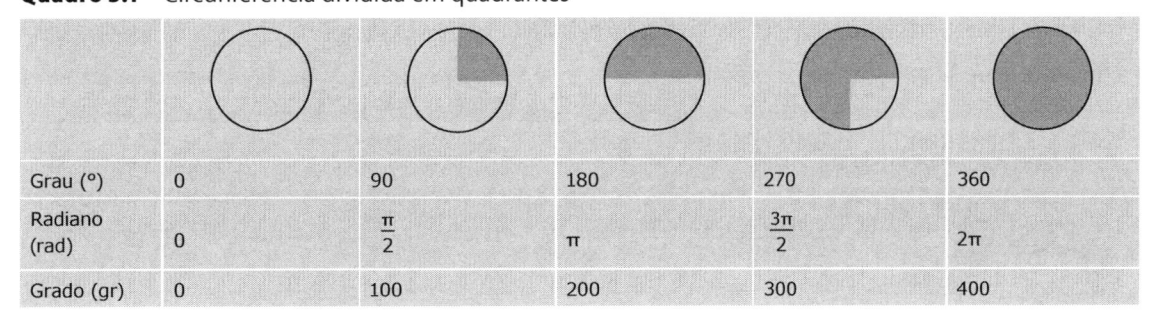

Grau (°)	0	90	180	270	360
Radiano (rad)	0	$\frac{\pi}{2}$	π	$\frac{3\pi}{2}$	2π
Grado (gr)	0	100	200	300	400

Temos, então, a seguinte relação entre as unidades angulares estudadas:

$$\frac{\alpha}{360°} = \frac{\beta}{400 \text{ gr}} = \frac{\theta}{2 \cdot \pi \text{rad}}$$

Exemplos:

a) Transforme 30° em radianos.

Sabemos que 30° está para 180° assim como **x** está para π. Escrevendo essa proporção em linguagem matemática, obtemos:

$$\frac{30°}{180°} = \frac{x}{\pi \text{rad}}$$

Aplicando a propriedade fundamental das proporções, obtemos:

$180° \cdot x = 30° \cdot \pi \text{rad}$

$x = \dfrac{30° \cdot \pi \text{rad}}{180°}$

Simplificamos a fração e obtemos:

$x = \dfrac{\pi}{6} \text{ rad}$

Portanto, 30° corresponde a $\dfrac{\pi}{6}$ rad.

b) Transforme 60° em grados.

Sabemos que 60° está para 180° assim como **x** está para 200 gr. Escrevendo essa proporção em linguagem matemática, obtemos:

$\dfrac{60°}{180°} = \dfrac{x}{200 \text{ gr}}$

Aplicando a propriedade fundamental das proporções, obtemos:

$180° \cdot x = 60° \cdot 200 \text{ gr}$

$x = \dfrac{60° \cdot 200 \text{ gr}}{180°}$

Simplificamos a fração e obtemos:

$x = \dfrac{200 \text{ gr}}{3}$

Portanto, 60° corresponde a $\dfrac{200}{3}$ gr.

3.2.5 Setor angular

Observe o ângulo AÔB a seguir.

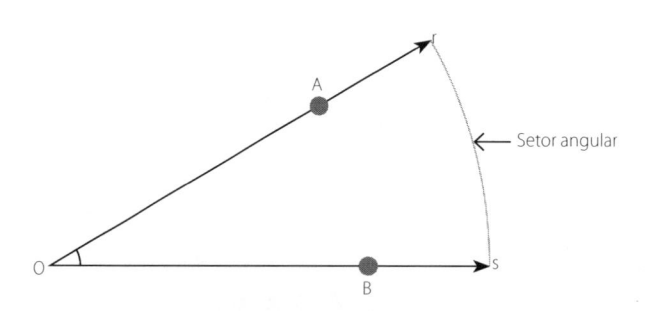

Chamamos de *setor angular do ângulo AÔB* a união dos pontos pertencentes ao ângulo com todos os seus pontos interiores.

Considere que esse ângulo AÔB esteja em um plano β. Considere agora dois semiplanos, β_1 e β_2. O plano β_1 tem origem na reta $\overleftrightarrow{OB}$ e contém o lado $\overrightarrow{OA}$. O plano β_2 tem origem na reta $\overleftrightarrow{AO}$ e contém o lado $\overrightarrow{OB}$.

Assim, chamamos de *setor angular* o conjunto de todos os pontos que são comuns aos semiplanos β_1 e β_2.

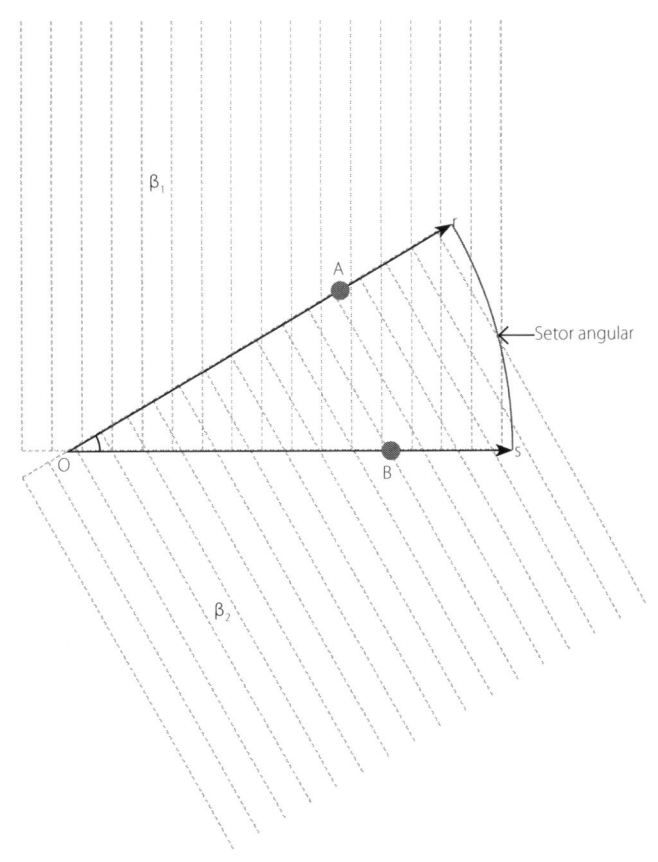

3.3 Classificação dos ângulos

Vejamos, a seguir, como podemos classificar os ângulos.

a) Dois ângulos são **consecutivos** quando têm o mesmo vértice e também um lado comum.

Geometria plana e trigonometria

Exemplo:

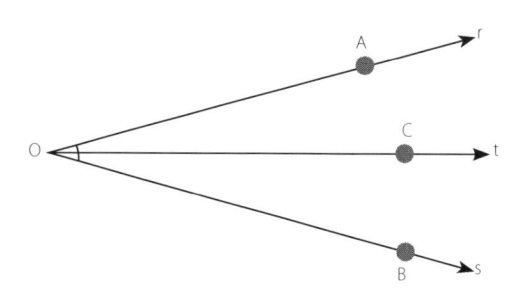

Os ângulos AÔC e CÔB são consecutivos, pois têm o ponto O como vértice comum e têm a semirreta **t** como lado comum.

b) Dois ângulos são **adjacentes** quando, além de serem consecutivos, não têm pontos internos comuns.

Na figura do exemplo anterior, os ângulos AÔC e CÔB não têm pontos internos comuns. Então, além de consecutivos, são ângulos adjacentes.

Na mesma figura, os ângulos AÔC e AÔB têm pontos internos comuns. Então, não são adjacentes. São ângulos consecutivos.

c) Dois ângulos são **complementares** quando a soma de suas medidas for igual a 90°. Suponhamos que temos dois ângulos cujas medidas são 40° e 50°. Dizemos que esses dois ângulos são complementares porque 40° + 50° = 90°. Dizemos, também, que 40° é o complemento de 50° e que 50° é o complemento de 40°.

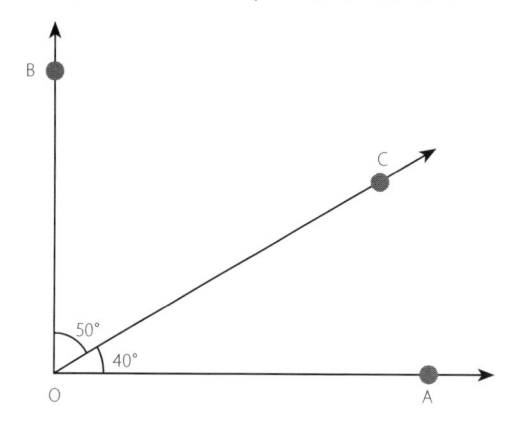

Os ângulos BÔC e CÔA são complementares, pois BÔC + CÔA = 90°.

d) Dois ângulos são **suplementares** quando a soma de suas medidas for igual a 180°. Suponhamos que temos dois ângulos cujas medidas são 60° e 120°. Dizemos que esses dois ângulos são suplementares porque 60° + 120° = 180°. Dizemos, também, que 60° é o suplemento de 120° e que 120° é o suplemento de 60°.

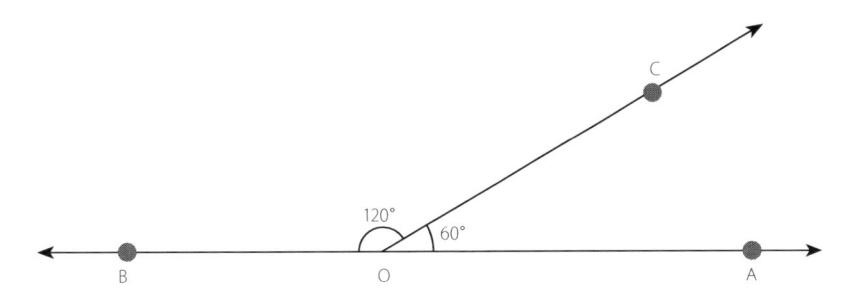

Os ângulos BÔC e CÔA são suplementares, pois BÔC + CÔA = 180°.

e) Dois ângulos são **replementares** quando a soma de suas medidas for igual a 360°. Suponhamos que temos dois ângulos cujas medidas são 115° e 245°. Dizemos que esses dois ângulos são replementares porque 115° + 245° = 360°. Dizemos, também, que 115° é o replemento de 245° e que 245° é o replemento de 115°.

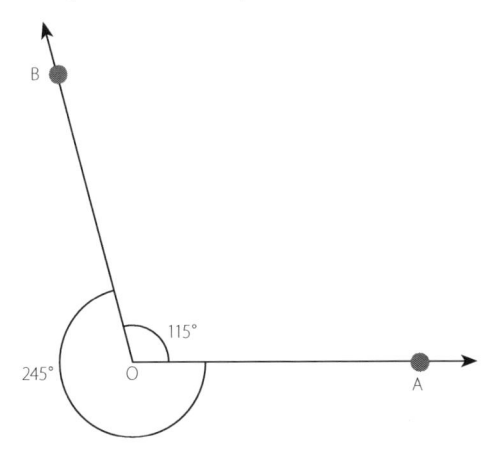

Os ângulos AÔB e BÔA são replementares, pois AÔB + BÔA = 360°.

f) Dois ângulos são **opostos pelo vértice** quando os lados de um dos ângulos são semirretas opostas aos lados do outro ângulo.

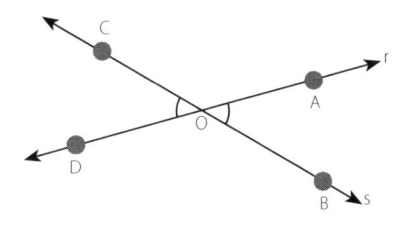

Os ângulos AÔB e CÔD são opostos pelo vértice pois, a partir do vértice O, as semirretas $\overrightarrow{OA}$ e $\overrightarrow{OD}$ são opostas, assim como as semirretas $\overrightarrow{OC}$ e $\overrightarrow{OB}$.

g) Dois ângulos são **congruentes** quando, ao colocarmos um sobreposto ao outro, todos os seus elementos coincidem. Logo, dois ângulos opostos pelo vértice são ângulos congruentes. Assim, se no exemplo anterior o ângulo AÔB mede 42°, o ângulo CÔD necessariamente mede 42°.

h) Um ângulo é classificado como **agudo** quando sua medida é inferior a 90°.

Exemplo:

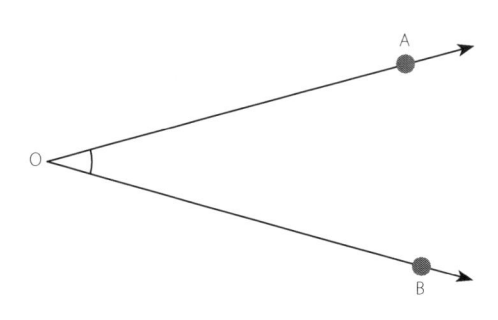

O ângulo AÔB mede menos que 90°. Logo, é um ângulo agudo.

i) Um ângulo é classificado como **obtuso** quando sua medida é superior a 90°.

Exemplo:

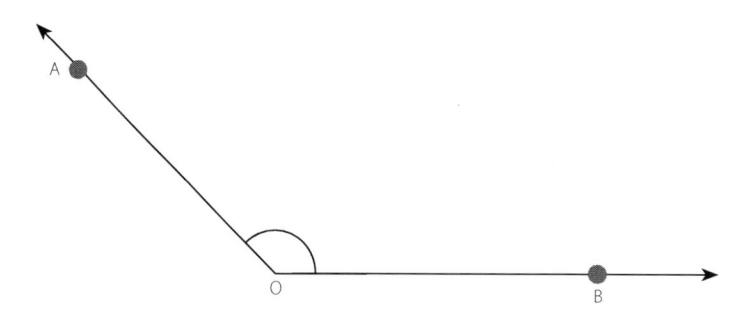

O ângulo AÔB mede mais que 90°. Logo, é um ângulo obtuso.

j) Um ângulo é classificado como **reto** quando a sua medida é exatamente 90°.

Exemplo:

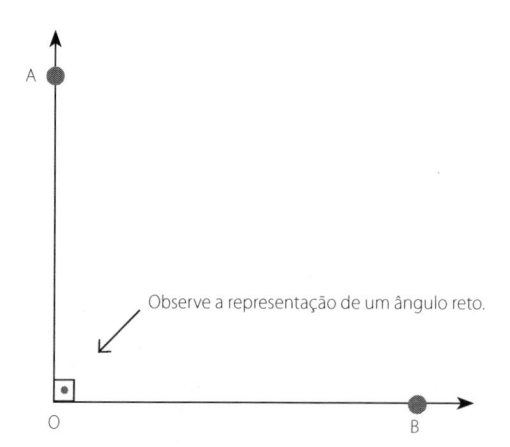

Observe a representação de um ângulo reto.

O ângulo AÔB mede exatamente 90°. Logo, é um ângulo reto.

3.4 Bissetriz de um ângulo

Suponhamos um ângulo AÔB cuja medida é 80°.

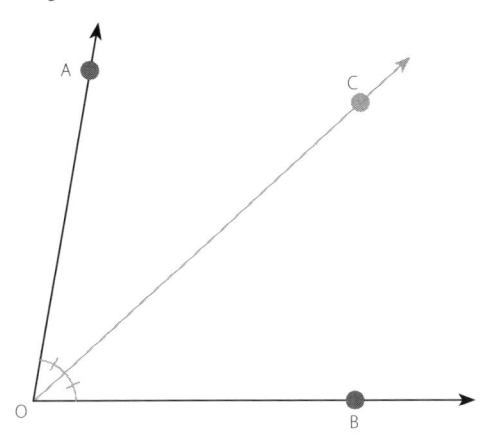

A bissetriz do ângulo AÔB é a semirreta que divide esse ângulo em dois ângulos congruentes. Então, AÔC = CÔB = 40°. Observe que a bissetriz tem origem no vértice do ângulo.

3.5 Ângulos de duas retas com uma reta transversal

Observe, na figura a seguir, que, quando uma reta intercepta duas retas distintas, não paralelas, surgem oito ângulos, os quais identificamos por números de 1 a 8.

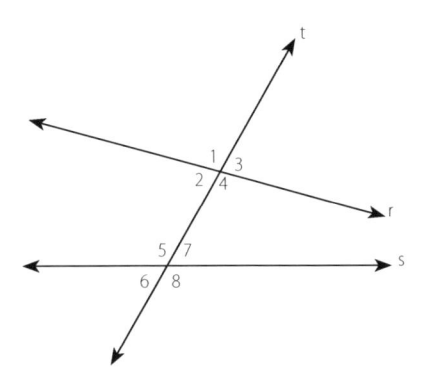

Observe agora que os ângulos 1 e 4 são opostos pelo vértice, assim como os ângulos 2 e 3. São igualmente opostos pelo vértice os ângulos 5 e 8, bem como os ângulos 6 e 7.

Esses oito ângulos têm ainda a seguinte classificação:

a. os ângulos 2 e 5 e os ângulos 4 e 7 são colaterais internos;
b. os ângulos 1 e 6 e os ângulos 3 e 8 são colaterais externos;
c. os ângulos 2 e 7 e os ângulos 4 e 5 são ângulos alternos internos;
d. os ângulos 1 e 8 e os ângulos 3 e 6 são ângulos alternos externos;
e. os ângulos 1 e 5, 2 e 6, 3 e 7, 4 e 8 são ângulos correspondentes.

Geometria plana e trigonometria

Suponhamos agora que as retas **r** e **s** sejam paralelas, com a reta **t** transversal a elas.

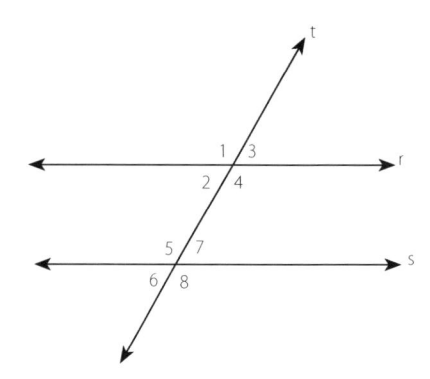

Agora, observamos que:

a. dois ângulos alternos internos são congruentes (2 = 7 e 4 = 5);
b. dois ângulos alternos externos são congruentes iguais (1 = 8 e 3 = 6);
c. dois ângulos colaterais internos são suplementares (2 + 5 = 180° e 4 + 7 = 180°);
d. dois ângulos colaterais externos são suplementares (1 + 6 = 180° e 3 + 8 = 180°);
e. dois ângulos correspondentes são congruentes (1 = 5 e 2 = 6 e 3 = 7 e 4 = 8).

Conforme a geometria euclidiana, se duas retas **r** e **s**, ao serem cortadas por uma reta transversal **t**, formarem ângulos alternos internos congruentes, então as retas **r** e **s** são paralelas.

No desenho anterior, se 2 = 7 e se 4 = 5, então as retas **r** e **s** são paralelas.

Resumindo, se as retas **r** e **s** são paralelas, então 1 = 4 = 5 = 8 e 2 = 3 = 6 = 7.

Agora você tem excelentes conhecimentos sobre ângulos para poder prosseguir nos seus estudos. Resolva as questões para revisão a fim de reforçar esses conhecimentos.

Síntese

Neste capítulo, vimos que a palavra *trigonometria* vem do grego *trigono* (triangular) e *metria* (medida) e que, como ciência, acredita-se que tenha nascido com o astrônomo grego Hiparco de Niceia (190 a.C.–125 a.C.). Ângulo é a região do plano limitada por duas semirretas de mesma origem. Para medirmos o quanto vale um ângulo, as três unidades mais usadas são o grau, o radiano e o grado. A adoção de uma ou de outra unidade depende de questões históricas e regionais. No Sistema Internacional de Unidades (SI), a unidade adotada para medir ângulos é o radiano. Verificamos que os ângulos se classificam como *consecutivos*, *adjacentes*, *complementares*, *suplementares*, *replementares*, *opostos pelo vértice*, *congruentes*, *agudos*, *obtusos* e *retos*. Verificamos, ainda, que a bissetriz de um ângulo é a semirreta que divide esse ângulo em dois ângulos congruentes.

Questões para revisão

1. Transforme 225 grados em graus.

   a) 188,5°
   b) 200°
   c) 202,5°
   d) 205°

2. Às 12 horas os ponteiros de um relógio formam um ângulo de que medida?

   a) 90°
   b) 180°
   c) 270°
   d) 0°

3. Quanto mede o complemento de um ângulo **x**?

   a) x − 90°
   b) x − 180°
   c) 180° − x
   d) 90° − x

4. Um ângulo Â mede x + 40° e um ângulo Ê mede 3x − 20°. Sabendo que os ângulos Â e Ê são congruentes, quanto vale **x**?

   a) x = 30°
   b) x = 60°
   c) x = 10°
   d) x = 20°

5. Qual é o valor do ângulo α na figura a seguir?

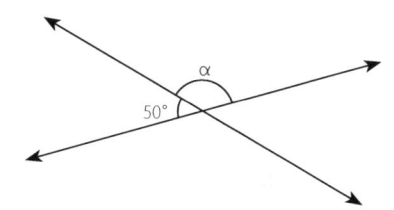

   a) α = 50°
   b) α = 130°
   c) α = 110°
   d) α = 150°

Geometria plana e trigonometria

6. A diferença entre dois ângulos agudos é de 38°. Qual é a diferença dos complementos desses ângulos?

    a) 76°

    b) 52°

    c) 104°

    d) 38°

7. Dois ângulos são replementares. Se um deles mede 210°, qual é a medida do outro, em grados?

    a) 150 gr

    b) 133,333 gr

    c) 166,667 gr

    d) 240 gr

8. Transforme 135° em radianos.

    a) $\dfrac{5\pi}{4}$ rad

    b) $\dfrac{3\pi}{5}$ rad

    c) $\dfrac{3\pi}{4}$ rad

    d) $\dfrac{5\pi}{3}$ rad

9. Dois ângulos são adjacentes e seus lados externos estão em linha reta. Um dos ângulos mede x + 50° e o outro ângulo mede 3x − 10°. Quanto vale **x**?

    a) x = 35°

    b) x = 55°

    c) x = 30°

    d) x = 60°

10. As bissetrizes de dois ângulos consecutivos formam um ângulo de 44°. Um dos ângulos mede 36°. Qual é a medida do outro ângulo?

    a) 104°

    b) 52°

    c) 80°

    d) 124°

11. As retas **r** e **s** são paralelas. Qual é o valor do ângulo α na figura a seguir?

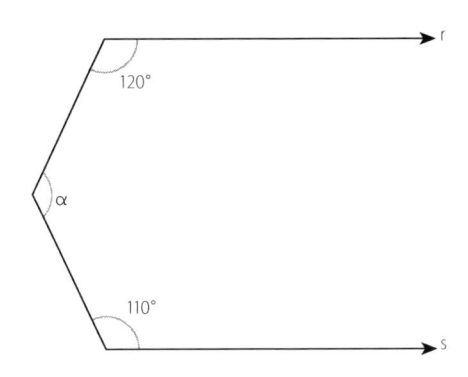

- a) 130°
- b) 100°
- c) 140°
- d) 150°

12. As retas **r** e **s** são paralelas. Qual é o valor do ângulo β na figura a seguir?

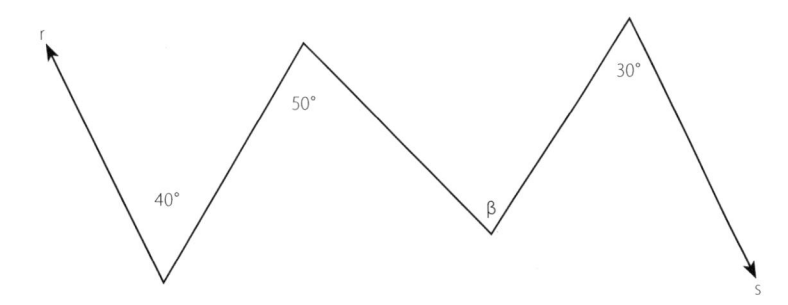

- a) 50°
- b) 80°
- c) 60°
- d) 40°

4

Triângulos

Conteúdos do capítulo

- Conceitos de *triângulo*.
- Elementos de um triângulo.
- Classificação e características dos triângulos.
- Altura de um triângulo.
- Ortocentro, baricentro e incentro de um triângulo.
- Teorema de Tales em triângulos.
- Bissetriz interna.
- Figuras semelhantes e triângulos semelhantes.

Após o estudo deste capítulo, você será capaz de:

1. definir triângulo;
2. distinguir os elementos de um triângulo;
3. classificar os diversos tipos de triângulos e identificar suas características;
4. determinar a altura de um triângulo qualquer;
5. determinar o ortocentro, o baricentro e o incentro de um triângulo qualquer;
6. aplicar o teorema de Tales em triângulos;
7. determinar as bissetrizes internas dos ângulos de um triângulo;
8. determinar a semelhança de figuras e de triângulos.

Triângulo é um polígono que tem três lados. É também uma figura geométrica de estrutura rígida (não deformável). Por isso, é bastante utilizado pelos engenheiros em obras que necessitam de robustez, tornando-as mais seguras.

Figura 4.1 – Utilização do triângulo na construção civil

Ponte Luís I, Porto, Portugal

Torre Eiffel, Paris, França

Crédito: Fotolia

4.1 Elementos de um triângulo

A seguir, você pode visualizar os principais elementos de um triângulo.

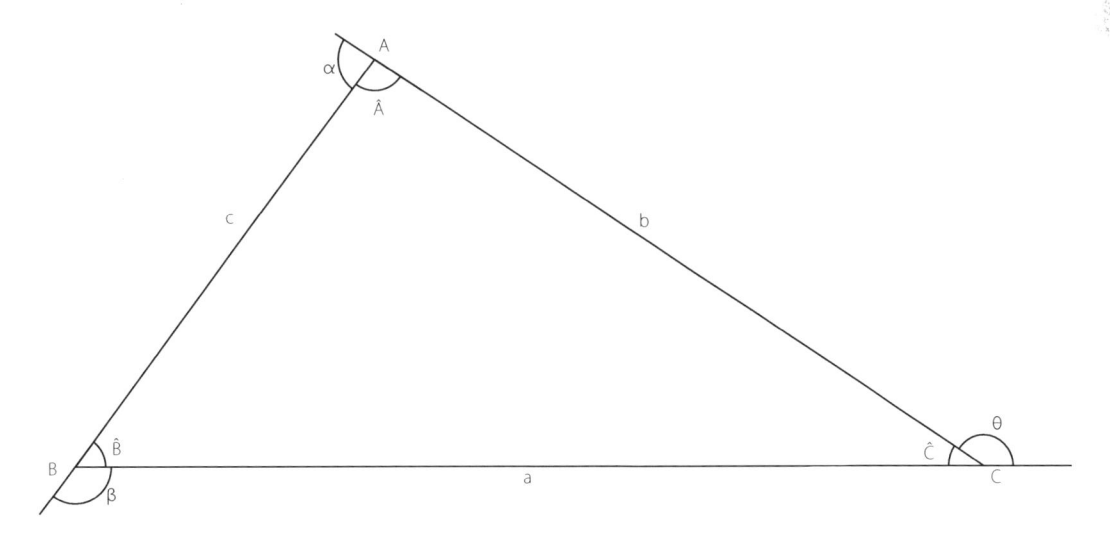

- Os pontos A, B e C são os **vértices** do triângulo.
- Os segmentos $\overline{AB}$, $\overline{AC}$ e $\overline{BC}$ são os **lados** do triângulo, que podemos também representar por **a**, **b** e **c**. Observe que o lado **a** é o lado oposto ao vértice A, o lado **b** é o lado oposto ao vértice B e o lado **c** é o lado oposto ao vértice C.

- Â, B̂ e Ĉ são os **ângulos internos** do triângulo.
- α, β e θ são os **ângulos externos** do triângulo.

Uma forma de representar um triângulo em um texto consiste em colocar o sinal Δ em frente à sequência de pontos que configuram seus vértices. Assim, o triângulo indicado anteriormente pode ser representado como ΔABC.

4.2 Características de um triângulo

A seguir, você pode verificar algumas características importantes dos triângulos. Considere novamente o ΔABC.

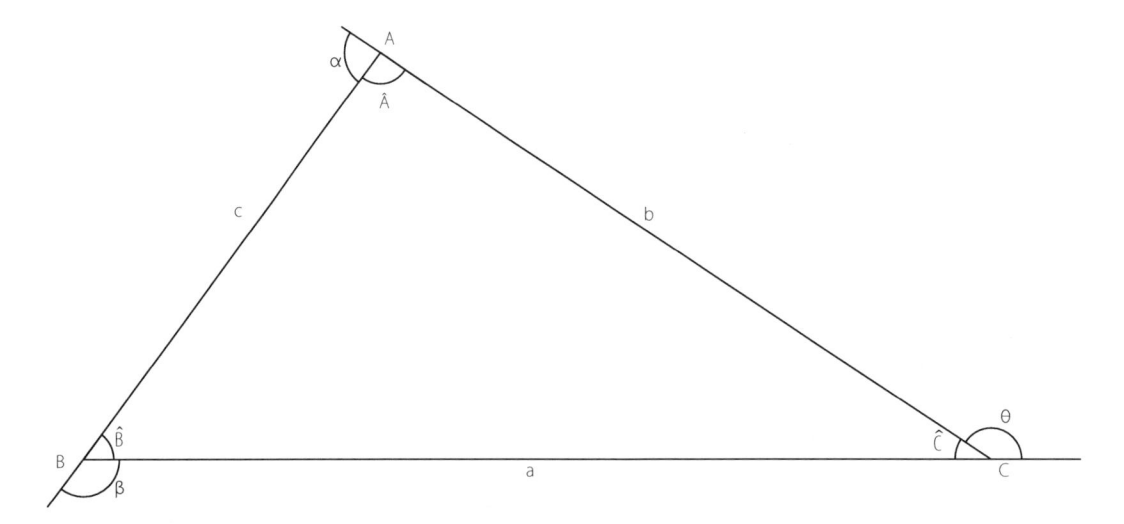

a. O triângulo é o único polígono que não tem diagonal.

b. Para que um triângulo exista, a medida do lado maior tem de ser menor do que a soma das medidas dos outros dois lados. Note que no triângulo ΔABC o segmento $\overline{BC}$ é o lado maior. Assim:

$$\overline{AB} + \overline{AC} > \overline{BC}$$

c. Conforme o teorema angular de Tales, a soma dos ângulos internos de qualquer triângulo é sempre 180°. Assim:

$$Â + B̂ + Ĉ = 180°$$

Para você não ficar curioso sobre como Tales de Mileto chegou a essa constatação, vamos fazer uma demonstração. Suponhamos o triângulo ABC a seguir, com a reta **r** paralela ao seu lado $\overline{BC}$.

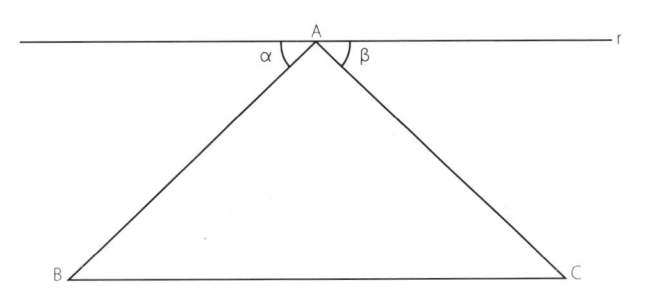

Externamente ao ângulo Â, temos os ângulos α e β. Sabemos que:

α + Â + β = 180°

Como a reta **r** é paralela do lado $\overline{BC}$, o ângulo α é igual ao ângulo B̂ e o ângulo β é igual ao ângulo Ĉ. Então:

Â + B̂ + Ĉ = 180°

d. A soma dos ângulos externos de qualquer triângulo é sempre igual a 360°. Assim:

$$\alpha + \beta + \theta = 360°$$

Novamente vamos demonstrar para você o porquê dessa igualdade.

Suponhamos o triângulo ABC a seguir e os ângulos externos α, β e θ.

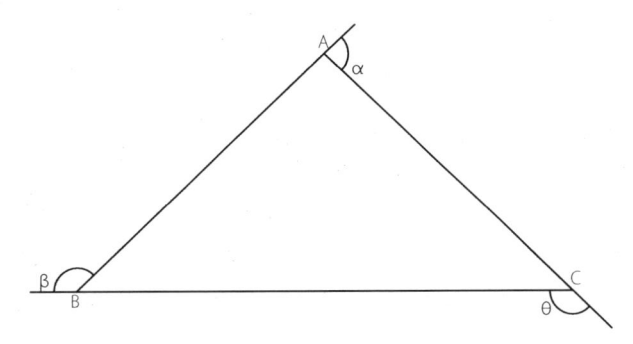

O ângulo Â é igual a 180° − α. O ângulo B̂ é igual a 180° − β. O ângulo Ĉ é igual a 180° − θ.
Já demonstramos que Â + B̂ + Ĉ = 180°. Então:

(180° − α) + (180° − β) + (180° − θ) = 180°

Logo:

α + β + θ = 360°

e. A soma de um ângulo interno e um ângulo externo num mesmo vértice é igual a 180°, ou seja, os ângulos são adjacentes suplementares. Assim:

$$\hat{A} + \alpha = 180°$$
$$\hat{B} + \beta = 180°$$
$$\hat{C} + \theta = 180°$$

f. A medida de qualquer ângulo externo é igual à soma dos ângulos internos não adjacentes a ele. Assim:

$$\alpha = \hat{B} + \hat{C}$$
$$\beta = \hat{A} + \hat{C}$$
$$\theta = \hat{A} + \hat{B}$$

g. O maior lado de um triângulo sempre está oposto ao seu maior ângulo.

Exemplo:

Dado o triângulo a seguir, calcule a medida dos ângulos $\hat{C}$, α, β e θ.

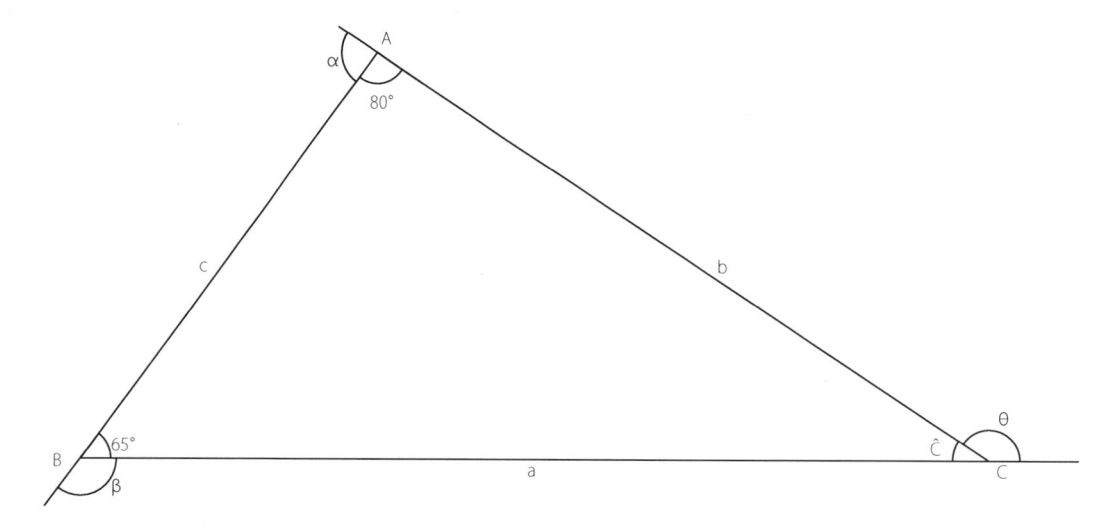

Como a soma dos ângulos internos de um triângulo é 180°, então:

80° + 65° + $\hat{C}$ = 180°

145° + $\hat{C}$ = 180°

$\hat{C}$ = 180° − 145° = 35°

Sabemos que um ângulo interno e um ângulo externo num mesmo vértice são suplementares. Assim:

$\hat{A} + \alpha = 180°$

$\hat{B} + \beta = 180°$

$\hat{C} + \theta = 180°$

Portanto:

$80° + \alpha = 180° \rightarrow \alpha = 100°$

$65° + \beta = 180° \rightarrow \beta = 115°$

$35° + \theta = 180° \rightarrow \theta = 145°$

4.3 Classificação dos triângulos

Podemos classificar os triângulos de duas formas:

a. em relação aos seus lados;

b. em relação aos seus ângulos.

Em relação aos **lados**, os triângulos podem ser classificados em:

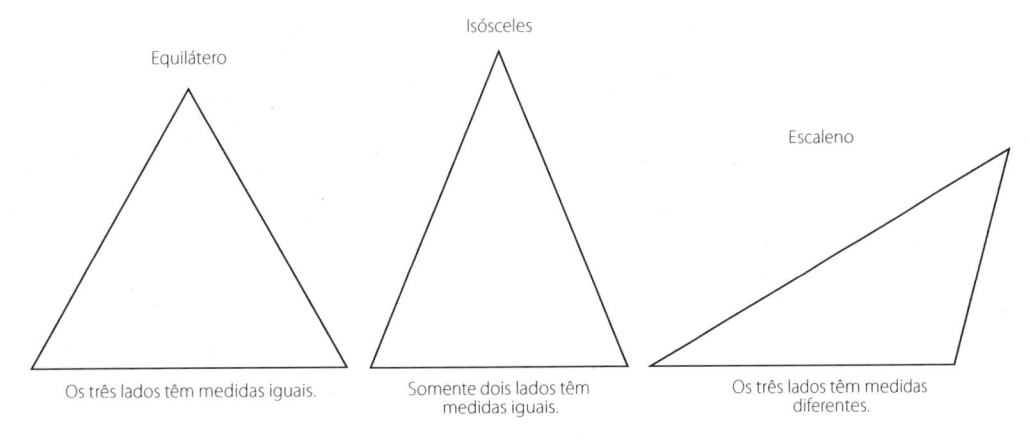

Equilátero — Os três lados têm medidas iguais.

Isósceles — Somente dois lados têm medidas iguais.

Escaleno — Os três lados têm medidas diferentes.

Em relação aos **ângulos**, os triângulos podem ser classificados em:

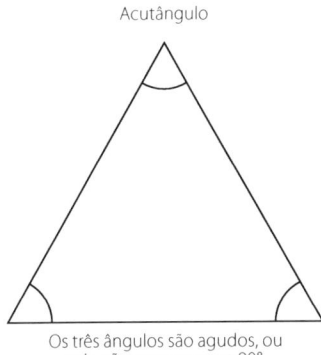

Acutângulo — Os três ângulos são agudos, ou seja, são menores que 90°.

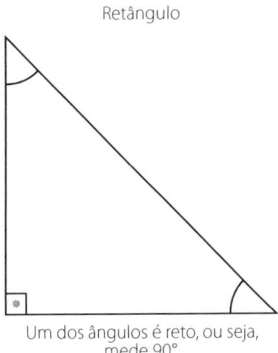

Retângulo — Um dos ângulos é reto, ou seja, mede 90°.

Obtusângulo — Um dos ângulos é obtuso, ou seja, é maior do que 90°.

Um triângulo equilátero pode também ser chamado de *equiângulo*, pois seus três ângulos internos são iguais a 60°.

Observe que os dois ângulos da base de um triângulo isósceles são iguais.

4.4 Altura de um triângulo

A altura de um triângulo qualquer é dada pelo segmento de reta que une um de seus vértices à reta suporte do lado oposto, formando um ângulo reto (90°) com essa reta.

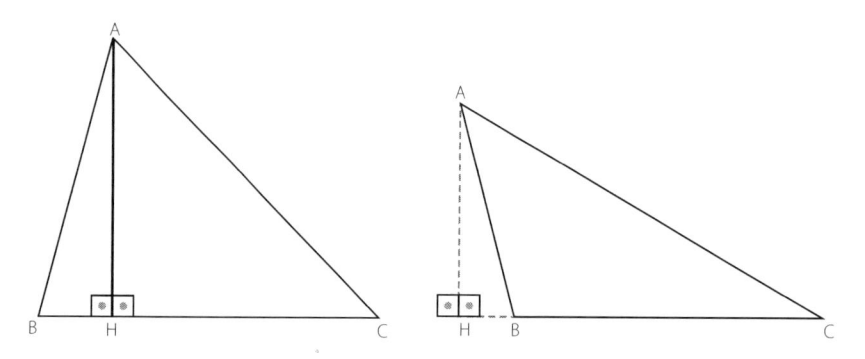

Observe que nos dois triângulos $\overline{AH}$ é a altura relativa ao lado $\overline{BC}$. Note também que $\overline{AH} \perp \overline{BC}$, ou seja, $\overline{AH}$ forma 90° com a reta suporte do lado $\overline{BC}$.

Exemplo:

Classifique o triângulo a seguir.

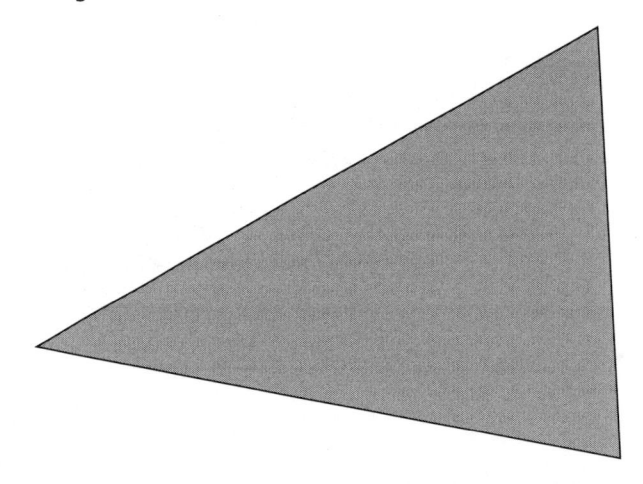

Como todos os lados do triângulo têm medidas diferentes, trata-se de um **triângulo escaleno**. Como todos os ângulos do triângulo são agudos, ou seja, são menores do que 90°, trata-se de um **triângulo acutângulo**.

4.5 Ortocentro de um triângulo

Como os triângulos têm três lados, têm também três alturas. O ponto em que as três alturas se encontram é chamado de *ortocentro*.

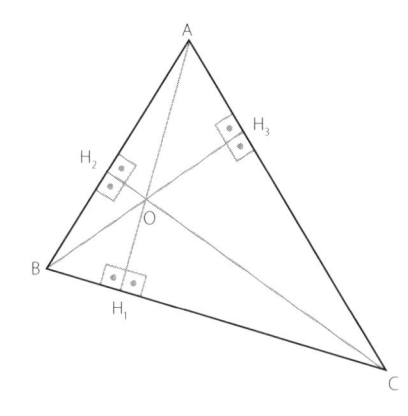

Em um **triângulo acutângulo**, o ortocentro está localizado no interior do triângulo.

- $\overline{AH_1}$ é a altura relativa ao lado $\overline{BC}$.
- $\overline{CH_2}$ é a altura relativa ao lado $\overline{AB}$.
- $\overline{BH_3}$ é a altura relativa ao lado $\overline{AC}$.
- **O** é o **ortocentro** do △ABC.

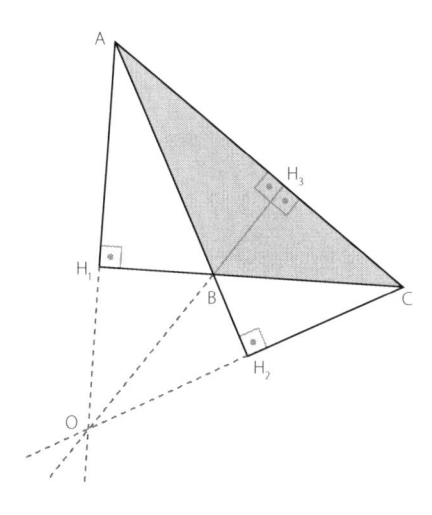

Em um **triângulo obtusângulo**, o ortocentro está localizado fora do triângulo.

- $\overline{AH_1}$ é a altura relativa ao lado $\overline{BC}$.
- $\overline{CH_2}$ é a altura relativa ao lado $\overline{AB}$.
- $\overline{BH_3}$ é a altura relativa ao lado $\overline{AC}$.
- **O** é o **ortocentro** do △ABC.

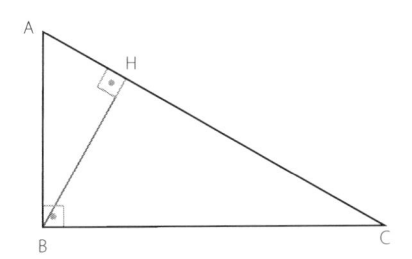

Em um **triângulo retângulo**, o ortocentro está localizado no vértice do ângulo reto.

- $\overline{BH}$ é a altura relativa ao lado $\overline{AC}$.
- $\overline{AB}$ é a altura relativa ao lado $\overline{BC}$.
- $\overline{BC}$ é a altura relativa ao lado $\overline{AB}$.
- **B** é o **ortocentro** do △ABC.

4.6 Medianas e baricentro de um triângulo

O **baricentro** de um triângulo está localizado no ponto de encontro das medianas. **Mediana** é o segmento que une um vértice ao ponto médio do lado oposto. Como um triângulo tem três vértices, tem três medianas.

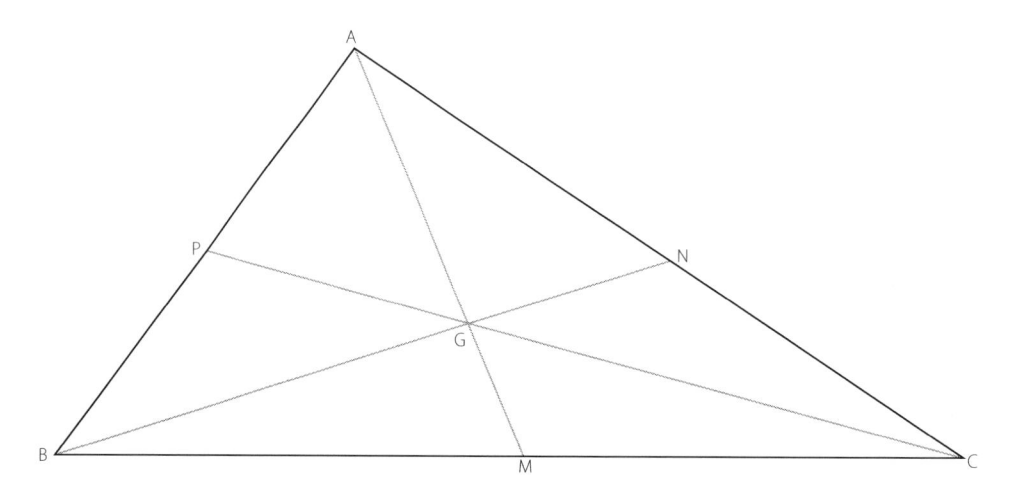

- $\overline{AM}$ é a mediana relativa ao lado $\overline{BC}$.
- $\overline{BN}$ é a mediana relativa ao lado $\overline{AC}$.
- $\overline{CP}$ é a mediana relativa ao lado $\overline{AB}$.
- **G** é o **baricentro**, ou seja, o ponto de interseção das medianas do ∆ABC.

Para medirmos o tamanho de uma mediana (Md), aplicamos o **teorema de Stewart**[1], cuja fórmula é:

$$Md = \sqrt{\frac{2b^2 + 2c^2 - a^2}{4}}$$

em que **a** é o lado do triângulo que a mediana **intercepta** e **b** e **c** são os outros dois lados.

4.7 Incentro de um triângulo

O **incentro** de um triângulo está localizado no ponto de encontro das bissetrizes. **Bissetriz** é o segmento que divide um ângulo ao meio e une um vértice ao lado oposto. Como um triângulo tem três vértices, tem também três bissetrizes.

---

1 Matthew Stewart nasceu no ano de 1717, em Rothesay, na parte inferior do Fiorde de Clyde, na Escócia, na pequena Ilha Bute (Dolce; Pompeo, 2005).

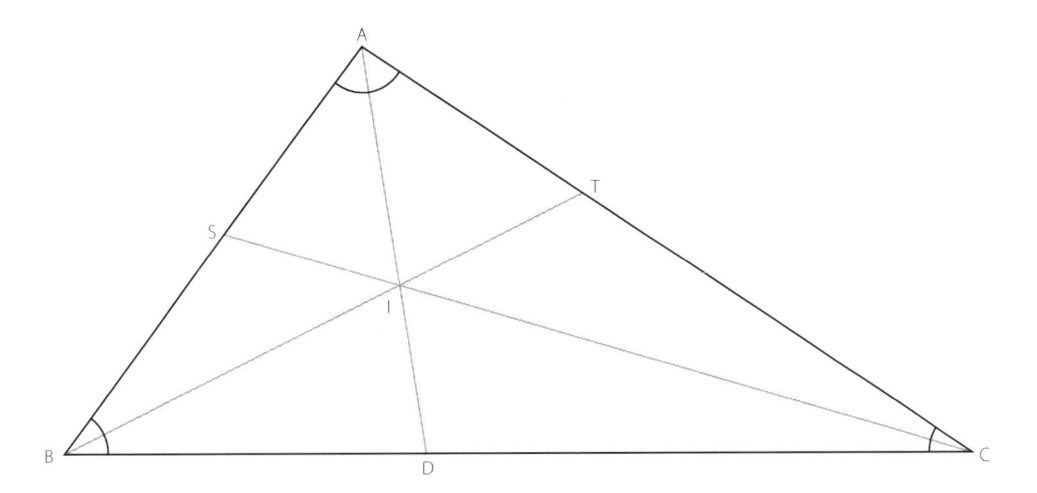

- $\overline{AD}$ é a bissetriz relativa ao ângulo Â.
- $\overline{BT}$ é a bissetriz relativa ao ângulo B̂.
- $\overline{CS}$ é a bissetriz relativa ao ângulo Ĉ.
- I é o **incentro**, ou seja, o ponto de interseção das bissetrizes do ΔABC.

A altura, a mediana e a bissetriz, por serem segmentos de reta que unem um vértice de um triângulo ao lado oposto a esse vértice, ou ao prolongamento desse lado oposto, são chamadas de *cevianas*, em homenagem ao matemático Giovanni Ceva[2].

4.8 Mediatriz e circuncentro de um triângulo

Uma **mediatriz** é uma reta perpendicular a cada lado de um triângulo, em seu ponto médio. As mediatrizes encontram-se em um ponto a que denominamos *circuncentro*. Observe, na figura a seguir, que o circuncentro coincide com o centro da circunferência circunscrita ao triângulo.

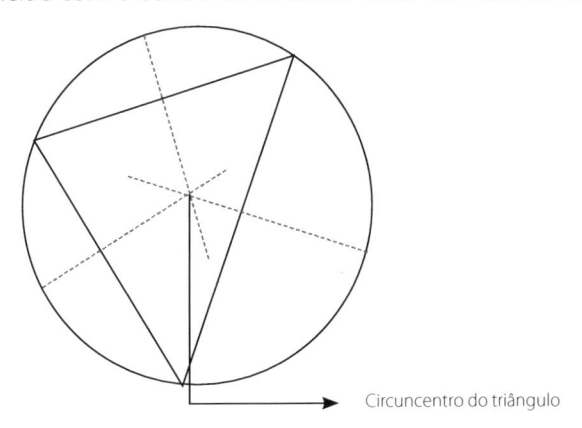

Circuncentro do triângulo

---

[2] Giovanni Ceva (1647–1734) foi um matemático italiano conhecido pela proposição do teorema de Ceva: "Se três cevianas de um triângulo ABC, AX, BY e CZ, são concorrentes, então $\frac{BX}{XC} \cdot \frac{CY}{YA} \cdot \frac{AZ}{ZB} = 1$" (O'Connor; Robertson, 2013).

4.9 Aplicações do teorema de Tales em triângulos

Considere o triângulo ABC a seguir.

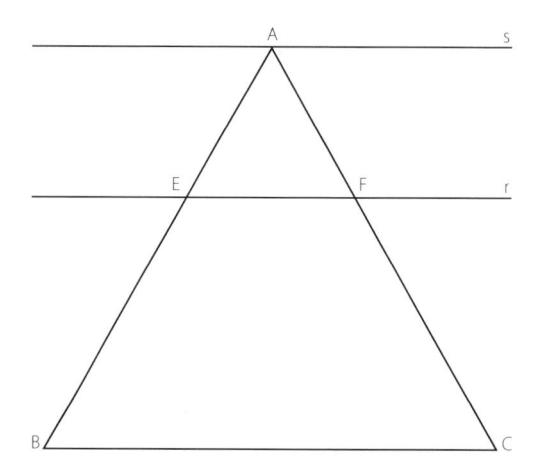

Note que traçamos duas retas paralelas à base do triângulo, formando, assim, um feixe de paralelas. Logo, podemos escrever as seguintes proporções:

$$\frac{AE}{EB} = \frac{AF}{FC}$$

Podemos generalizar essa ideia, estabelecendo que:

> Uma reta paralela a um lado de um triângulo qualquer que corta o triângulo em dois pontos distintos determina segmentos proporcionais.

Essa constatação permite que resolvamos problemas sem mesmo conhecer qualquer lado de um triângulo.

Exemplo:

Determine os lados $\overline{AB}$ e $\overline{AC}$ do triângulo a seguir.

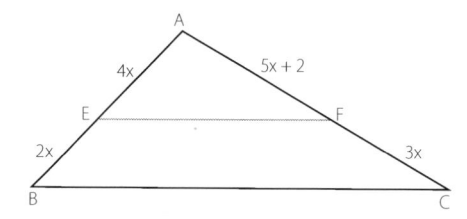

Como o segmento $\overline{EF}$ é paralelo ao lado $\overline{BC}$, podemos escrever a seguinte proporção:

$$\frac{4x}{2x} = \frac{5x+2}{3x}$$

Aplicando a propriedade fundamental das proporções, obtemos:

$4x \cdot 3x = 2x(5x + 2)$

$12x^2 = 10x^2 + 4x$

$2x^2 - 4x = 0$

$x^2 - 2x = 0$

Chegamos a uma equação do segundo grau incompleta, cujo coeficiente **c** é igual a zero. Para resolver essa equação, basta fatorar o primeiro membro da equação, ou seja, colocar o **x** em evidência:

$x(x - 2) = 0$

As respostas são as seguintes:

$x_1 = 0$

e

$x_2 = 2$

Como $x_1 = 0$ não serve para solucionar o problema, então $x = 2$. Dessa forma:

$AB = 4x + 2x = 12$

e

$AC = 5x + 2 + 3x = 18$

4.10 Teorema da bissetriz interna

Você lembra o que é a bissetriz de um ângulo?

Simplesmente é o segmento de reta que divide o ângulo ao meio.

Veja no triângulo a seguir a bissetriz do ângulo Â.

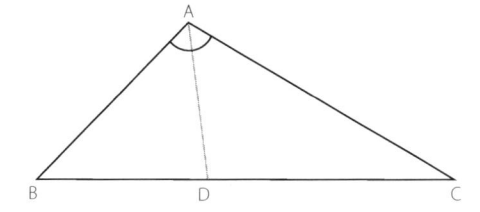

O segmento $\overline{AD}$ é chamado de *bissetriz interna* do ângulo Â.

O **teorema da bissetriz interna de um triângulo** estabelece que:

> A bissetriz de um dos ângulos internos de um triângulo determina, sobre o lado oposto ao ângulo, segmentos proporcionais aos lados que formam o ângulo.

Vamos entender melhor esse teorema, identificando no triângulo a seguir os elementos que constam em seu enunciado.

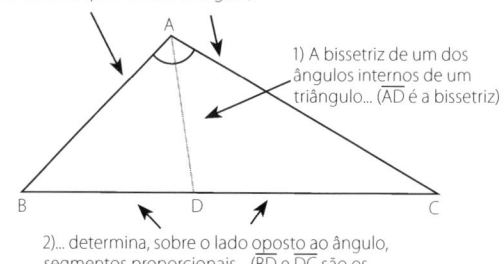

Geometria plana e trigonometria

3)... aos lados que formam o ângulo ($\overline{AB}$ e $\overline{AC}$ são os lados que formam o ângulo).

1) A bissetriz de um dos ângulos internos de um triângulo... ($\overline{AD}$ é a bissetriz)

2)... determina, sobre o lado oposto ao ângulo, segmentos proporcionais... ($\overline{BD}$ e $\overline{DC}$ são os segmentos determinados pela bissetriz $\overline{AD}$)

Dessa forma, podemos escrever que:

$$\frac{AB}{BD} = \frac{AC}{CD}$$

Veja como podemos demostrar que esse teorema é verdadeiro.

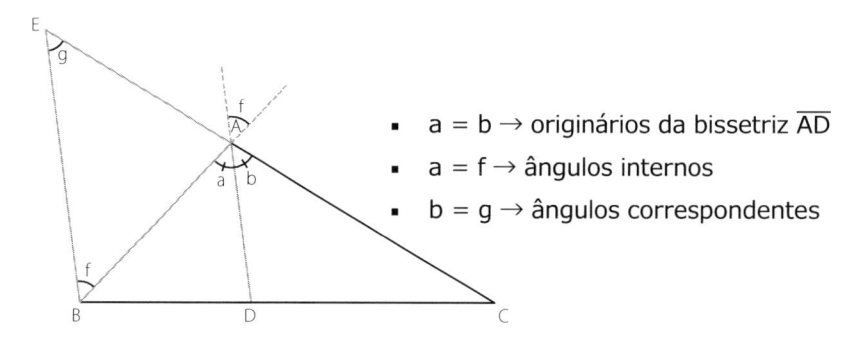

- $a = b \rightarrow$ originários da bissetriz $\overline{AD}$
- $a = f \rightarrow$ ângulos internos
- $b = g \rightarrow$ ângulos correspondentes

Note que os segmentos $\overline{AD}$ e $\overline{EB}$ são paralelos. Vamos mostrar que:

$$\frac{AB}{BD} = \frac{AC}{CD}$$

Note também que, se $a = b$, como $a = f$, e se $b = g$, então $f = g$.

Logo, o triângulo ABE é isósceles, ou seja, tem dois lados iguais (os lados $\overline{AB}$ e $\overline{AE}$).

Assim, pelo teorema de Tales aplicado às paralelas $\overline{AD}$ e $\overline{EB}$ e à transversal $\overline{AB}$, chegamos ao resultado enunciado pelo teorema da bissetriz interna de um triângulo:

$$\frac{AC}{AB} = \frac{DC}{BD}$$

Gostou dessa demonstração? Fazer esse tipo de análise contribui sobremaneira para o desenvolvimento do raciocínio lógico.

Exemplo:

Determine o valor de **x** na figura seguinte sabendo que $\overline{AD}$ é a bissetriz interna do ângulo Â.

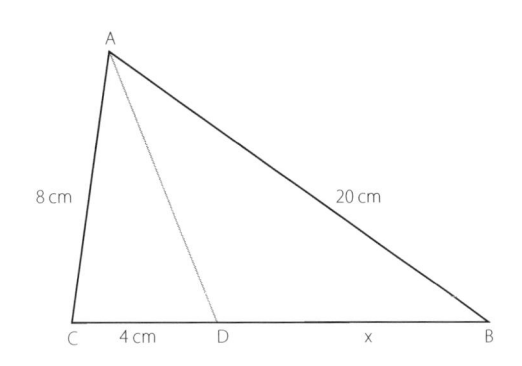

Aplicando o teorema da bissetriz interna de um triângulo, obtemos:

$$\frac{AC}{CD} = \frac{AB}{BD}$$

$$\frac{8}{4} = \frac{20}{x}$$

Aplicando a propriedade fundamental das proporções, obtemos:

$8x = 80$

$x = 10$ cm

4.11 Teorema da bissetriz externa

Agora que você conhece o conceito de *bissetriz interna*, vamos estudar a bissetriz externa.

O **teorema da bissetriz externa de um triângulo** estabelece que:

> Se a bissetriz externa de um triângulo intercepta o prolongamento do lado oposto, então essa bissetriz divide esse lado oposto em dois segmentos proporcionais.

Vamos ilustrar esse teorema para sua melhor visualização. Suponhamos um triângulo ABC, em que CD é o prolongamento do lado BC.

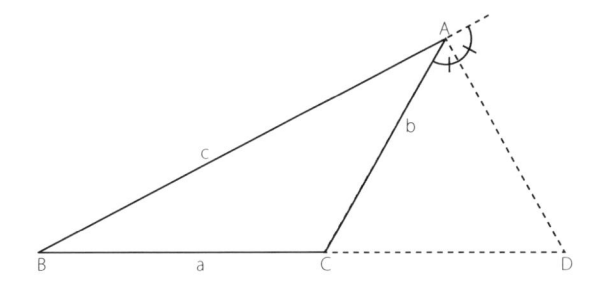

Então:

$$\frac{BD}{AB} = \frac{CD}{AC}$$

Exemplo:

Determine o valor de **x** na figura a seguir sabendo que $\overline{AD}$ é a bissetriz externa do ângulo Â e que $\overline{CD}$ = 6 cm.

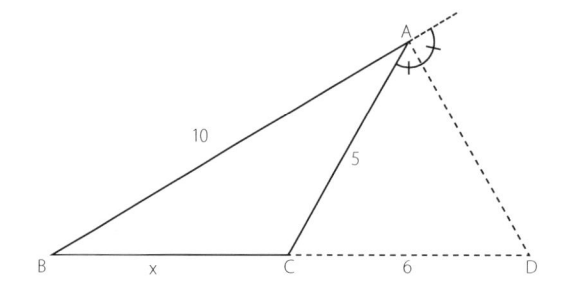

Aplicando o teorema da bissetriz externa de um triângulo, obtemos:

$$\frac{x+6}{10} = \frac{6}{5}$$

Aplicando a propriedade fundamental das proporções, obtemos:

5(x + 6) = 60

5x + 30 = 60

5x = 30

x = 6 cm

4.12 Relações métricas em um triângulo qualquer

Precisamos agora conhecer as relações métricas em um triângulo qualquer, para que possamos resolver uma série de exercícios. Assim, consideremos o triângulo a seguir, no qual, como sabemos, Â + B̂ + Ĉ = 180º.

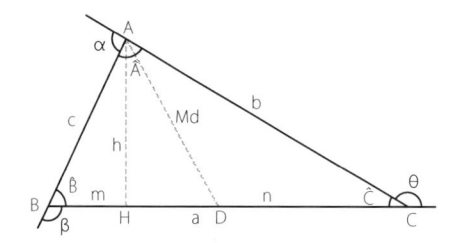

Lembre-se de que $\overline{AH}$ é a altura **h** do triângulo, relativa ao lado $\overline{BC}$, e que $\overline{AD}$ é a bissetriz do ângulo Â.

Temos, nesse triângulo, as seguintes relações métricas:

$$Md = \sqrt{\frac{2b^2 + 2c^2 - a^2}{4}}$$

Sendo **2p** o perímetro do triângulo, ou seja, 2p = a + b + c, e sendo **p** o semiperímetro, temos que:

$$h = \frac{2}{a}\sqrt{p(p-a)(p-b)(p-c)}$$

Sendo **m** e **n** os segmentos determinados pela bissetriz interna do ângulo Â, temos que:

$$m = \frac{a \cdot c}{b+c}$$

$$n = \frac{a \cdot c}{b+c}$$

Quando Ĉ < 90° (ver desenho anterior), temos que:

$$c^2 = a^2 + b^2 - 2 \cdot a \cdot m$$

Demonstração:

Do triângulo ABH, temos que:

$c^2 = h^2 + m^2$
$h^2 = c^2 - m^2$ \quad (1)

Do triângulo AHC, temos que:

$b^2 = h^2 + n^2$
$h^2 = b^2 - n^2$ \quad (2)

Comparando (1) e (2):

$c^2 - m^2 = b^2 - n^2$
$c^2 = b^2 - n^2 + m^2$

Como m = a − n:

$c^2 = b^2 - n^2 + (a-n)^2$
$c^2 = b^2 - n^2 + a^2 - 2an + n^2$
$c^2 = a^2 + b^2 - 2an$

Quando Ĉ > 90°, temos que:

$$c^2 = a^2 + b^2 + 2an$$

Geometria plana e trigonometria

Demonstração:

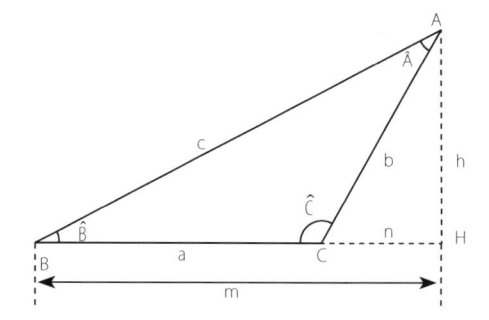

Do triângulo AHC, temos que:

$b^2 = h^2 + n^2$
$h^2 = b^2 - n^2$ \hfill (1)

Do triângulo AHB, temos que:

$c^2 = h^2 + m^2$
$h^2 = c^2 - m^2$ \hfill (2)

Comparando (1) e (2):

$c^2 - m^2 = b^2 - n^2$
$c^2 = b^2 - n^2 + m^2$

Como m = a + n:

$c^2 = b^2 - n^2 + (a + n)^2$
$c^2 = b^2 - n^2 + a^2 + 2an + n^2$
$c^2 = a^2 + b^2 + 2an$

A área do triângulo é igual a:

$$S = \frac{a \cdot h}{2}$$

ou

$$h = \sqrt{p(p-a)(p-b)(p-c)}$$

Sendo βa a bissetriz interna do ângulo Â, podemos determinar o seu comprimento pela fórmula:

$$\beta a = \frac{2}{b+c} \sqrt{b \cdot c \cdot p \cdot (p-a)}$$

De maneira semelhante, obtemos as fórmulas para o cálculo das bissetrizes internas dos ângulos $\hat{B}$ e $\hat{C}$, respectivamente βb e βc.

Para o cálculo da bissetriz externa ao ângulo $\hat{A}$, temos a fórmula:

$$\beta'a = \frac{2}{b-c}\sqrt{b \cdot c \cdot (p-b) \cdot (p-c)}$$

De maneira semelhante, obtemos as fórmulas para o cálculo das bissetrizes externas dos ângulos $\hat{B}$ e $\hat{C}$, respectivamente β'b e β'c.

4.13 Figuras semelhantes

Você sabe dizer o que são figuras semelhantes?

Isso é simples. São figuras que apresentam as mesmas características, porém suas dimensões são diferentes. Quando isso acontece, todos os ângulos correspondentes das figuras semelhantes são congruentes (iguais) e todas as distâncias correspondentes são proporcionais.

Exemplos:

a) Os dois polígonos irregulares são semelhantes, pois todos os ângulos correspondentes são congruentes e todos os lados correspondentes são proporcionais.

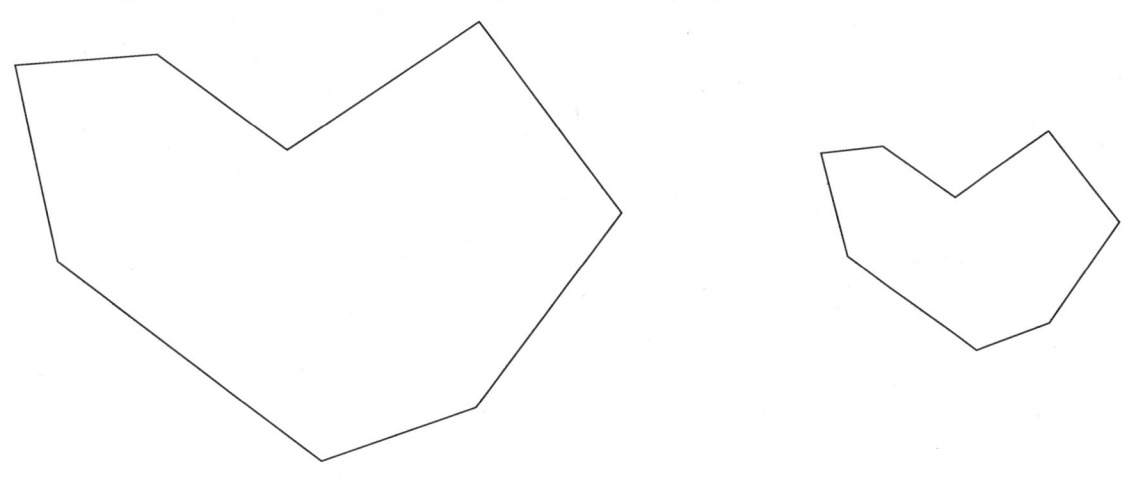

b) Os dois mapas a seguir são semelhantes, pois compartilham todas as características, entretanto o primeiro é menor do que o segundo. Note que os polígonos que têm como vértices os pontos que representam os estados do Amazonas, do Pará, da Bahia e de São Paulo são semelhantes, pois todos os ângulos são congruentes e os comprimentos dos lados são proporcionais.

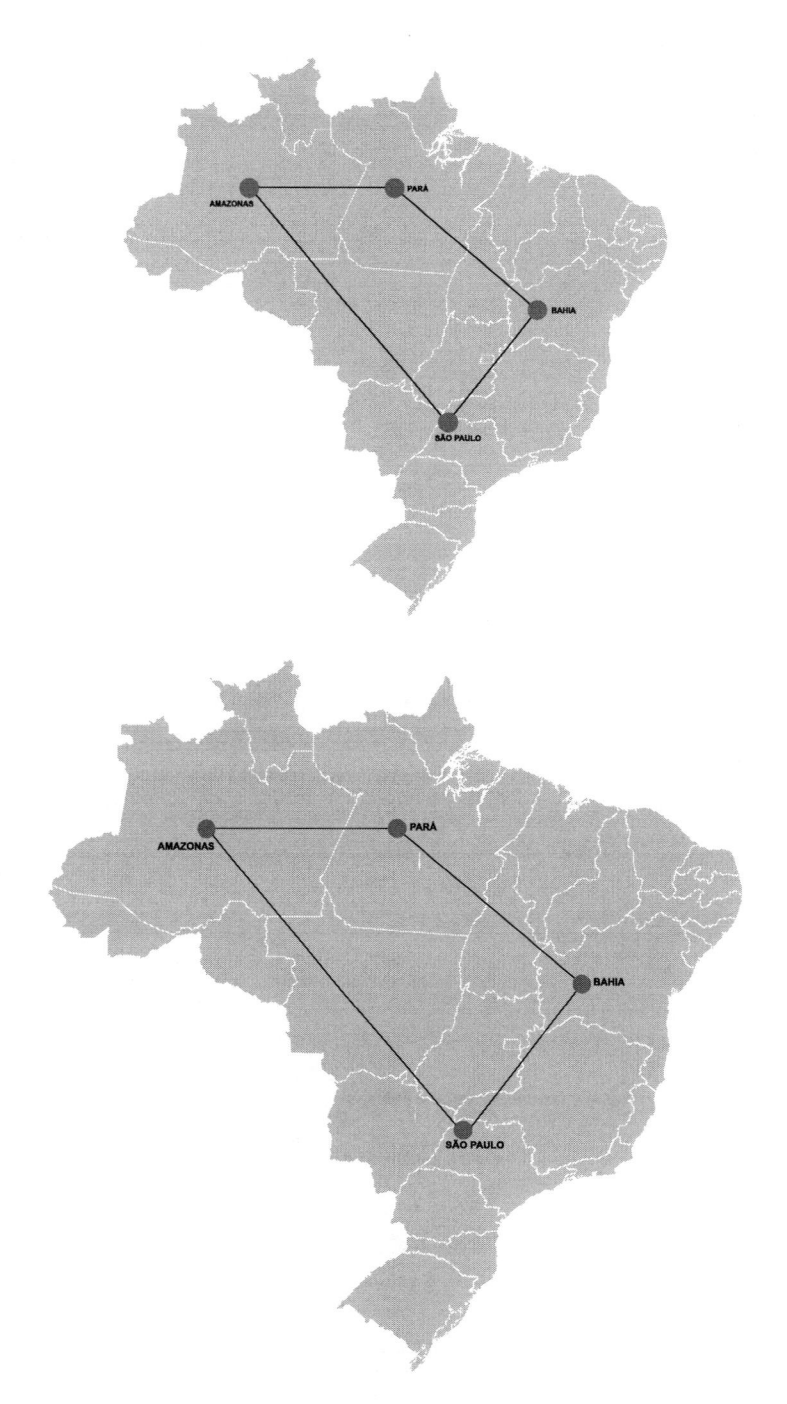

4.14 Triângulos semelhantes

Em termos de semelhança, os triângulos são figuras geométricas especiais, pois, se uma das condições de semelhança é atendida, a outra automaticamente também é, ou seja, quando os ângulos correspondentes de dois triângulos são congruentes, automaticamente os lados correspondentes são proporcionais (e vice-versa).

Exemplos:

a) Sabendo que $\hat{A} \cong \hat{D}, \hat{B} \cong \hat{E}$ e $\hat{C} \cong \hat{F}$, calcule a medida de **x**.

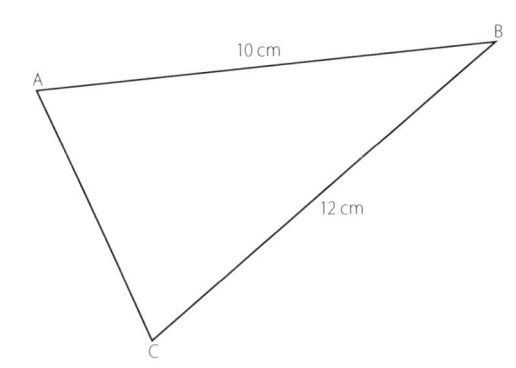

Lembre-se de que o símbolo $\cong$ significa que os ângulos são congruentes.

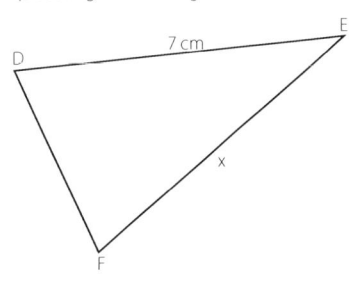

Como os triângulos são semelhantes, os lados homólogos (veja a primeira observação a seguir) são proporcionais. Assim:

$$\frac{AB}{DE} = \frac{BC}{x}$$

$$\frac{10}{7} = \frac{12}{x}$$

$10x = 84$

$x = 8,4$ cm

Importante!

a. Quando dois triângulos são semelhantes, seus lados correspondentes são chamados de **homólogos**. No caso do exemplo que acabamos de resolver:
   - o lado $\overline{AB}$ é homólogo ao lado $\overline{DE}$;
   - o lado $\overline{BC}$ é homólogo ao lado $\overline{EF}$;
   - o lado $\overline{AC}$ é homólogo ao lado $\overline{DF}$.

b. Como a soma dos ângulos internos de qualquer triângulo é igual a 180°, para saber se dois triângulos são semelhantes, basta saber se dois ângulos correspondentes são congruentes. Se isso acontecer, automaticamente o terceiro ângulo será congruente.

c. Quando duas figuras semelhantes são representadas de tal modo que seus lados correspondentes são paralelos, dizemos que elas são *homotéticas*.

b) Identifique se os pares de triângulos a seguir são semelhantes e homotéticos

   1.

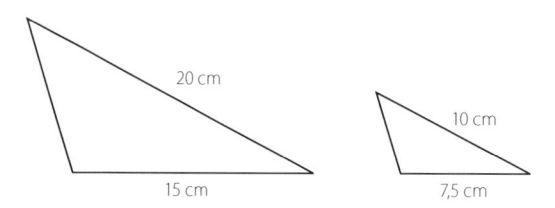

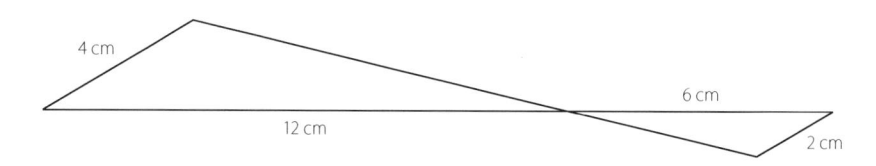

   [Triângulo com lados 20 cm e 15 cm; outro triângulo com lados 10 cm e 7,5 cm]

   Resposta: Os triângulos são semelhantes e homotéticos.

   2.

   [Dois triângulos com lados 4 cm, 12 cm e 6 cm, 2 cm, compartilhando um vértice]

   Resposta: Os triângulos são semelhantes.

   3.

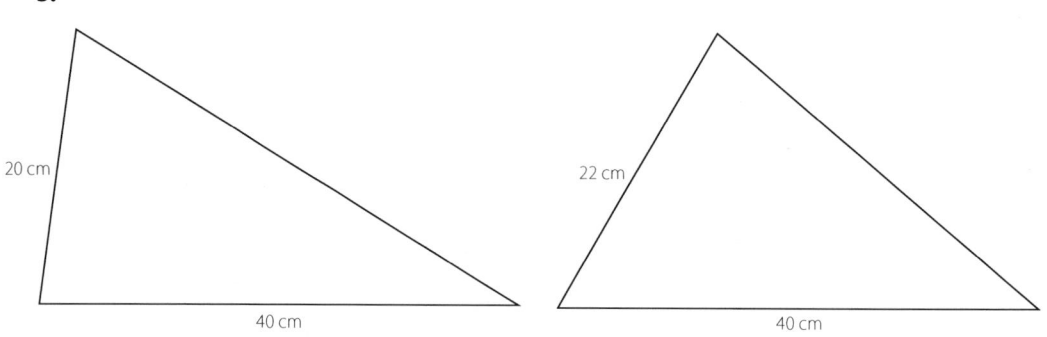

   [Triângulo com lados 20 cm e 40 cm; outro triângulo com lados 22 cm e 40 cm]

   Resposta: Os triângulos não são semelhantes. Logo, não podem ser homotéticos.

   Resumindo, dois triângulos só são semelhantes se pudermos estabelecer uma correspondência entre seus vértices tal que:

   a. os ângulos correspondentes são ordenadamente congruentes;
   b. os lados homólogos são proporcionais.

4.14.1 Teorema fundamental

Quando uma reta paralela a um dos lados de um triângulo encontra os outros dois lados desse triângulo em pontos distintos, o triângulo que essa reta paralela determina é semelhante ao primeiro.

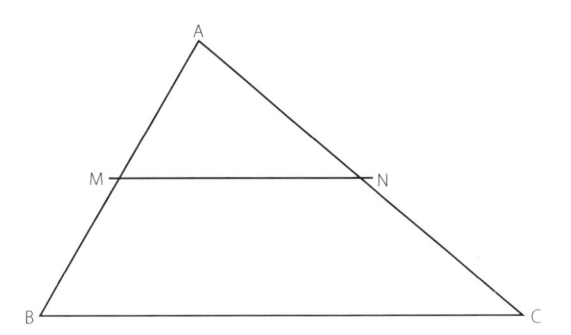

Na figura anterior, o triângulo ABC é semelhante ao triângulo AMN. Observar que a reta MN é paralela ao lado $\overline{BC}$.

Há três casos de semelhança entre triângulos a considerar:

1. Dois triângulos são semelhantes se tiverem dois ângulos ordenadamente congruentes.
2. Dois triângulos são semelhantes se tiverem dois pares de lados ordenadamente proporcionais e se os ângulos entre eles forem congruentes.
3. Dois triângulos são semelhantes se tiverem os três lados correspondentes proporcionais.

Desafio:

Para medir a altura da pirâmide de Quéops, Tales de Mileto utilizou a ideia de semelhança de triângulos. Considerou, para isso, que os raios solares incidem paralelamente uns aos outros sobre a superfície da Terra. Dessa forma, cravou um bastão no chão e mediu a sua altura e o comprimento de sua sombra. Mediu também o comprimento da sombra da pirâmide de Quéops. Suponha que os dados obtidos por Tales tenham sido os seguintes:

- Altura do bastão: 1,5 m
- Comprimento da sombra do bastão: 0,3 m
- Comprimento da sombra da pirâmide: 29,3 m

Calcule a altura da pirâmide de Quéops.

Geometria plana e trigonometria

Raciocínio da resolução:

Utilizando semelhança de triângulos, obtemos:

$$\frac{h}{1,5} = \frac{29,3}{0,3}$$

$$0,3h = 1,5 \cdot 29,3$$

$$h = \frac{43,95}{0,3}$$

$$h = 146,5 \text{ m}$$

Assim, a altura da pirâmide de Quéops é 146,5 m.

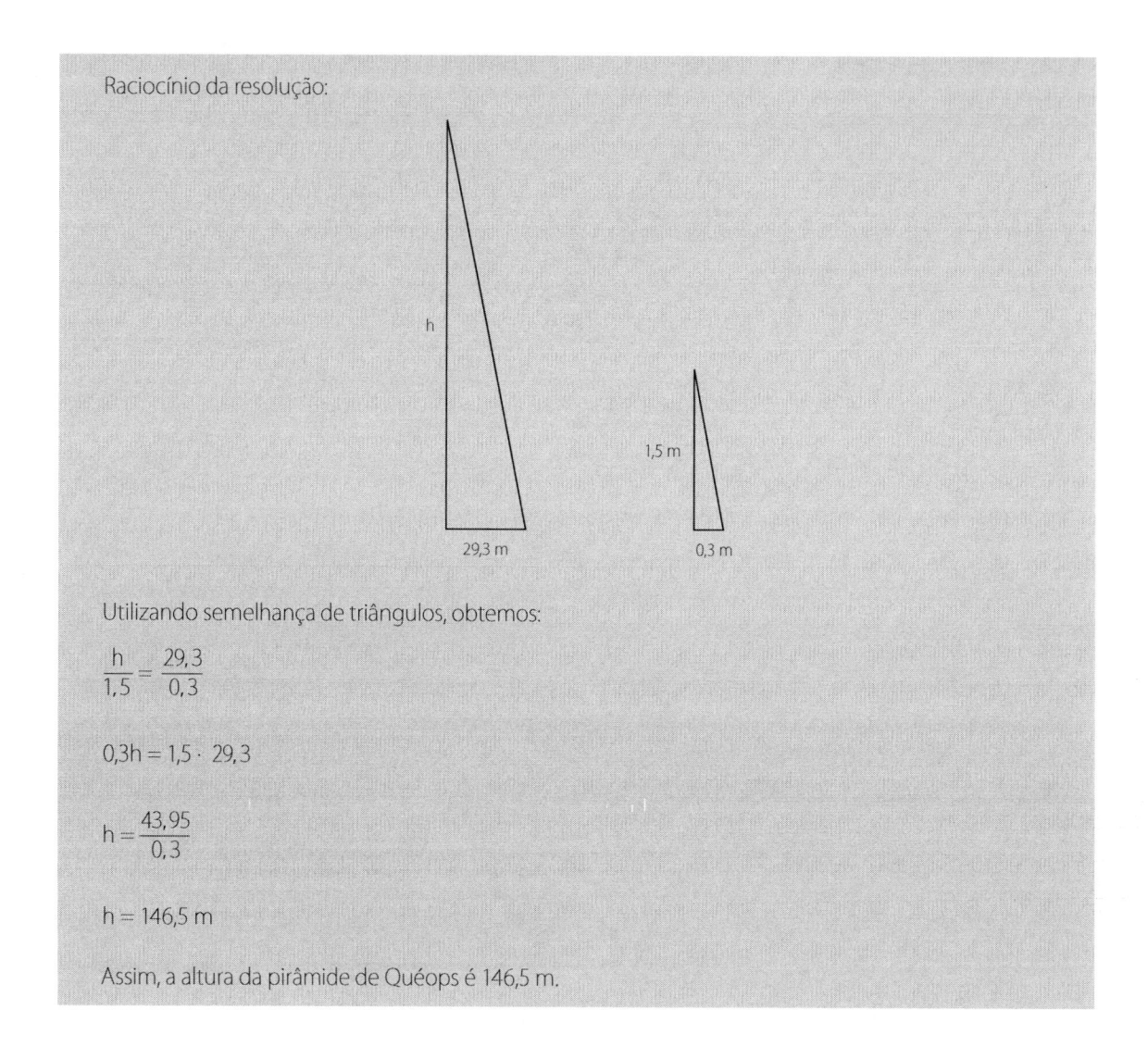

Síntese

Neste capítulo, vimos que o triângulo é um polígono que tem três lados. É também uma figura geométrica de estrutura rígida (não deformável). Os elementos de um triângulo são os vértices, os lados, os ângulos internos e os ângulos externos. Podemos classificar os triângulos de duas formas: em relação aos seus lados e em relação aos seus ângulos. A altura de um triângulo qualquer é dada pelo segmento de reta que une um de seus vértices ao lado oposto, formando um ângulo reto (90°) com esse lado. Ortocentro é o ponto em que as três alturas se encontram. O baricentro de um triângulo está localizado no ponto de encontro das medianas. Mediana é o segmento que une um vértice ao ponto médio do lado oposto. O incentro de um triângulo está localizado no ponto de encontro das bissetrizes. Bissetriz é o segmento que divide um ângulo ao meio e une um vértice ao lado oposto. Examinamos também as aplicações do teorema de Tales nos triângulos. Verificamos, ainda, que a bissetriz de um dos ângulos internos de um triângulo determina, sobre o lado oposto ao ângulo, segmentos proporcionais aos lados que formam o ângulo. Por último, estudamos a semelhança de triângulos.

Questões para revisão

1. Num △ABC o ângulo Â mede 68°. A medida do ângulo externo no vértice C mede 115°. Qual é a medida dos ângulos interno (B̂) e externo (β) no vértice B?

   a) B̂ = 37°; β = 143°
   b) B̂ = 47°; β = 133°
   c) B̂ = 25°; β = 155°
   d) B̂ = 35°; β = 145°
   e) B̂ = 60°; β = 120°

2. Desenhe um triângulo equilátero e encontre o ortocentro, o baricentro e o incentro. O que você verifica?

   a) O ortocentro e o incentro estão no interior do triângulo, e o baricentro está localizado fora do triângulo.
   b) O ortocentro e o baricentro estão no interior do triângulo, e o incentro está localizado fora do triângulo.
   c) O ortocentro, o baricentro e o incentro estão localizados no mesmo ponto e fora do triângulo.
   d) O ortocentro, o baricentro e o incentro estão localizados no mesmo ponto e no interior do triângulo.

3. Sabendo que $\overline{MN}//\overline{AB}$ e que $\overline{CB}$ = 21 cm, determine as medidas **x** e **y**.

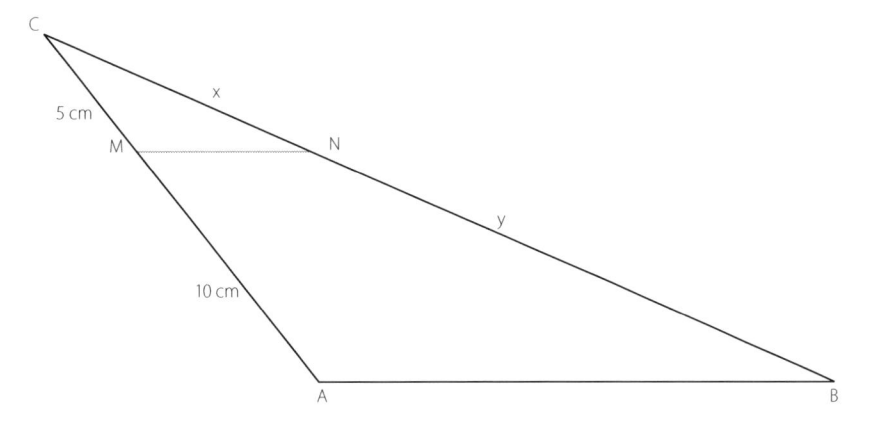

   a) x = 7 cm; y = 14 cm

b) x = 8 cm; y = 16 cm

c) x = 7 cm; y = 16cm

d) x = 8 cm; y = 14 cm

4. Determine o valor de **x** na figura sabendo que $\overline{AM}$ é a bissetriz do ângulo Â.

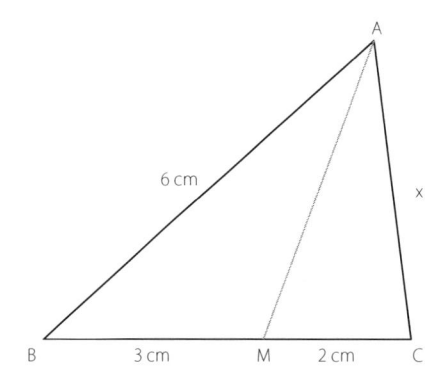

a) x = 3 cm

b) x = 4 cm

c) x = 5 cm

d) x = 6 cm

5. Em um triângulo isósceles, o ângulo oposto à sua base mede 40°. Qual é a medida dos outros dois ângulos internos?

a) 70° e 70°

b) 50° e 90°

c) 30° e 110°

d) 35° e 105°

6. Considere o triângulo a seguir, em que AD é a bissetriz do ângulo Â. Determine o valor de **x**.

a) x = 4 cm

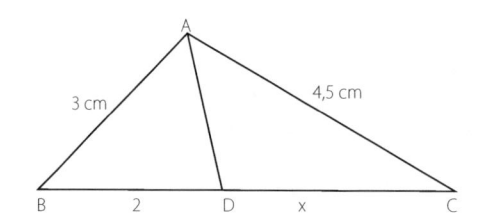

b) x = 3,5 cm

c) x = 3 cm
d) x = 4,5 cm

7. Sabemos que os lados de um triângulo são a = 8 cm, b = 10 cm e c = 6 cm. Qual é a altura desse triângulo em relação ao lado **a**?

    a) 24,0 cm
    b) 8,49 cm
    c) 4,80 cm
    d) 12,0 cm

8. Qual é a área do triângulo cujos lados são a = 8 cm, b = 10 cm e c = 6 cm?

    a) 24,0 cm^2
    b) 8,49 cm^2
    c) 4,80 cm^2
    d) 12,0 cm^2

5

Triângulos retângulos

Conteúdos do capítulo

- Conceito de triângulo retângulo.
- Teorema de Pitágoras.
- Relações métricas em um *triângulo retângulo*.

Após o estudo deste capítulo, você será capaz de:

1. definir triângulo retângulo;
2. demonstrar o teorema de Pitágoras;
3. utilizar o teorema de Pitágoras para resolução de problemas cotidianos.

Vamos agora estudar um tipo de triângulo que tem inúmeras aplicações em nosso cotidiano: o triângulo retângulo.

Triângulos retângulos são aqueles que têm um ângulo reto, ou seja, um ângulo de 90°. O lado maior do triângulo retângulo é chamado de *hipotenusa* e os outros dois lados, de *catetos*.

Você já sabe que a soma dos ângulos de um triângulo qualquer é igual a 180°. Então, no triângulo retângulo, se um dos ângulos mede 90°, a soma dos outros dois também é igual a 90°. Observe o desenho.

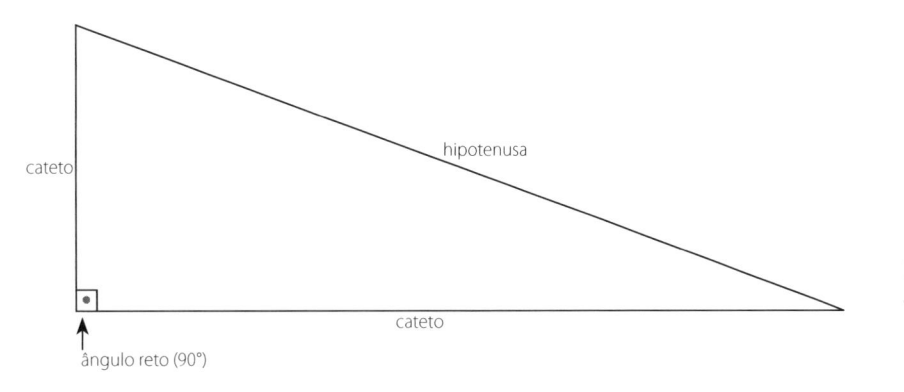

5.1 Teorema de Pitágoras

Pitágoras foi um matemático grego que nasceu em Samos, por volta de 580 a.C. e foi o fundador da Sociedade de Estudiosos, conhecida em todo o mundo como o centro da erudição europeia (Martins, 2013). O teorema enunciado por Pitágoras estabelece o seguinte:

> O quadrado da medida da hipotenusa é igual à soma dos quadrados das medidas dos catetos.

Como o quadrado de uma medida qualquer é numericamente igual à área de um quadrado, podemos associar cada um dos lados do triângulo retângulo à área de um quadrado. Assim:

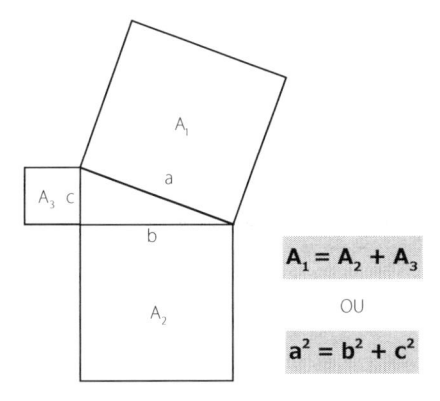

$$A_1 = A_2 + A_3$$

OU

$$a^2 = b^2 + c^2$$

Ou seja, a área de um quadrado formado tendo como lado a hipotenusa é igual à soma das áreas dos quadrados tendo como lados os catetos.

Geometria plana e trigonometria

Exemplo:

Um terreno localizado na esquina de duas ruas tem a forma de um triângulo retângulo. As frentes para cada uma das ruas medem, respectivamente, 12 m e 36 m. Qual é a medida do outro lado do terreno?

Vamos fazer um desenho para melhor visualizar o problema:

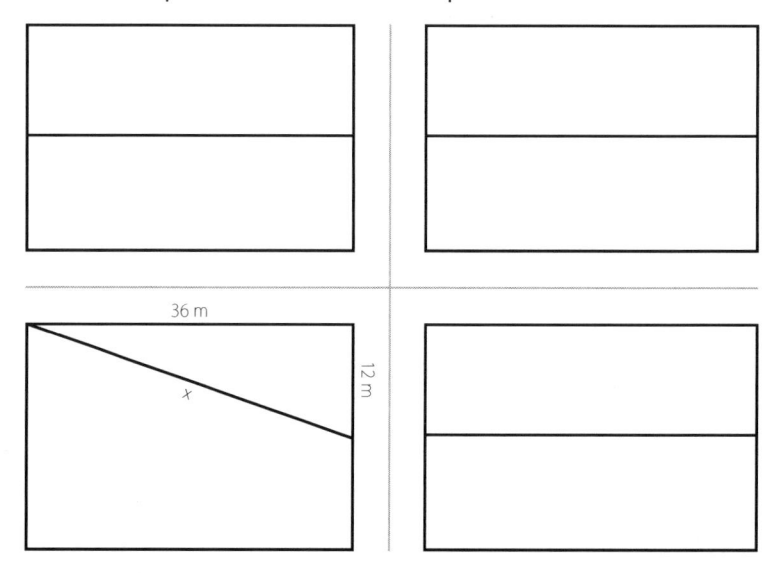

Aplicando o teorema de Pitágoras, conseguimos calcular o valor de **x**:

$x^2 = 12^2 + 36^2$

$x^2 = 144 + 1\,296$

$x^2 = 1\,440$

$x = \sqrt{1440}$

$x = 37,95$ m

Portanto, o terceiro lado do terreno mede 37,95 m.

Desafio:

Uma escada de 25 m de comprimento está encostada na parede de um edifício, conforme mostra a figura a seguir. A base da escada está a 5 m de distância da base do edifício. Suponha que o topo da escada escorregue 4,5 m para baixo ao longo da parede e calcule qual é a nova distância da base da escada até a base do edifício.

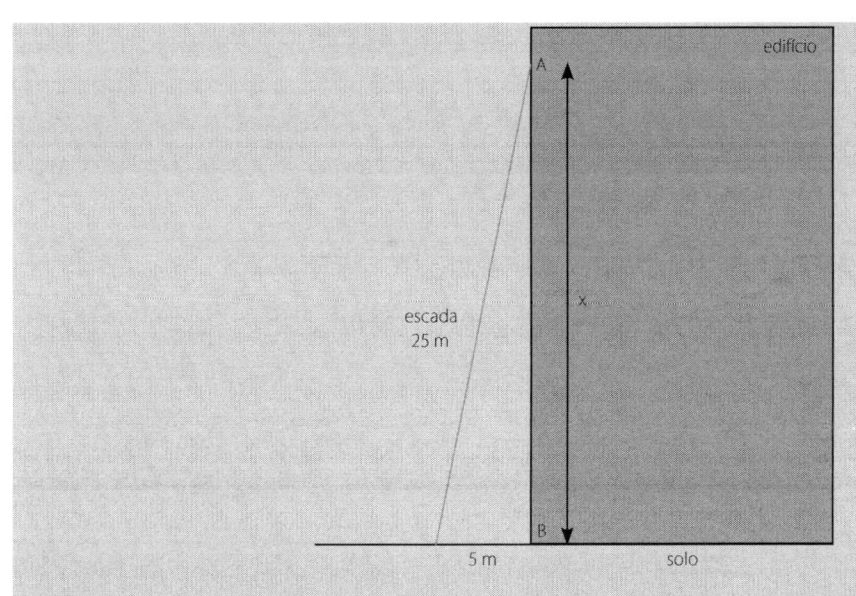

Capítulo 5 • Triângulos retângulos

Raciocínio da resolução:

Primeiro vamos utilizar o teorema de Pitágoras para calcular a que altura o topo da escada está do solo, ou seja, a medida do segmento $\overline{AB}$, que vamos chamar de **x**. Assim:

$25^2 = x^2 + 5^2$
$625 = x^2 + 25$
$600 = x^2$
$\sqrt{600} = x$
$24,5 \text{ m} = x$

Essa é a altura a que inicialmente o topo da escada está acima do solo. Se a escada escorregar 4,5 m pela parede, seu topo estará a 20 m acima do solo. A nova configuração é a seguinte:

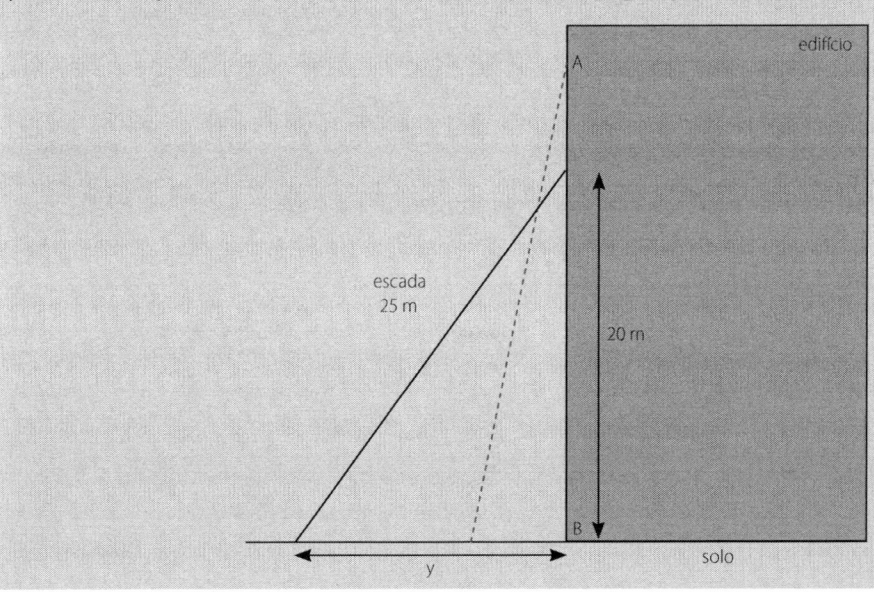

Temos de calcular o valor de **y**. Novamente vamos aplicar o teorema de Pitágoras:

$25^2 = 20^2 + y^2$

$625 = 400 + y^2$

$225 = y^2$

$\sqrt{225} = y$

$15 \text{ m} = y$

Portanto, após escorregar 4,5 m pela parede, a base da escada estará a 15 m de distância da base do edifício.

5.2 Relações métricas no triângulo retângulo

Vamos analisar algumas relações entre os elementos de um triângulo retângulo. Para isso, consideremos o triângulo a seguir.

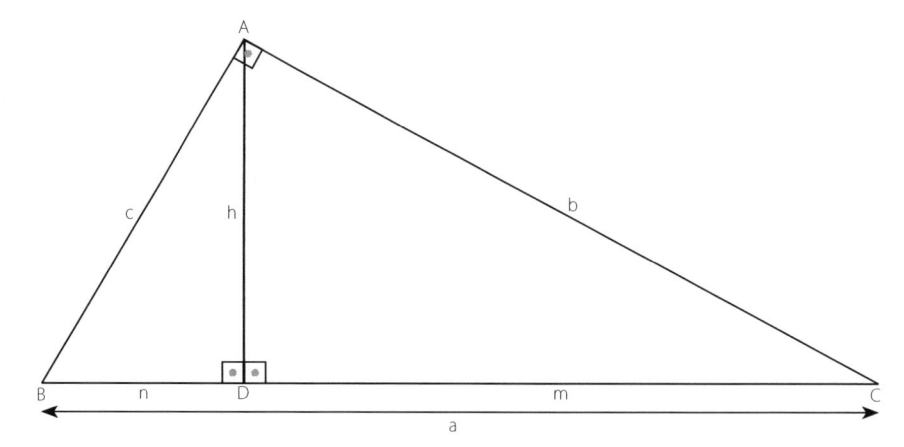

- $\overline{BC}$ é a hipotenusa e está sendo representada pela letra **a**.
- $\overline{AC}$ é um cateto representado pela letra **b**.
- $\overline{AB}$ é o outro cateto e é representado pela letra **c**.
- $\overline{AD}$ é a altura **h** do triângulo, considerando-se a hipotenusa como base.
- $\overline{BD}$ é a projeção ortogonal **n** do cateto **c** sobre a hipotenusa.
- $\overline{DC}$ é a projeção ortogonal **m** do cateto **b** sobre a hipotenusa.

Note que a linha da altura **h** permite a visualização de três triângulos retângulos. Vamos separá-los para melhor analisá-los.

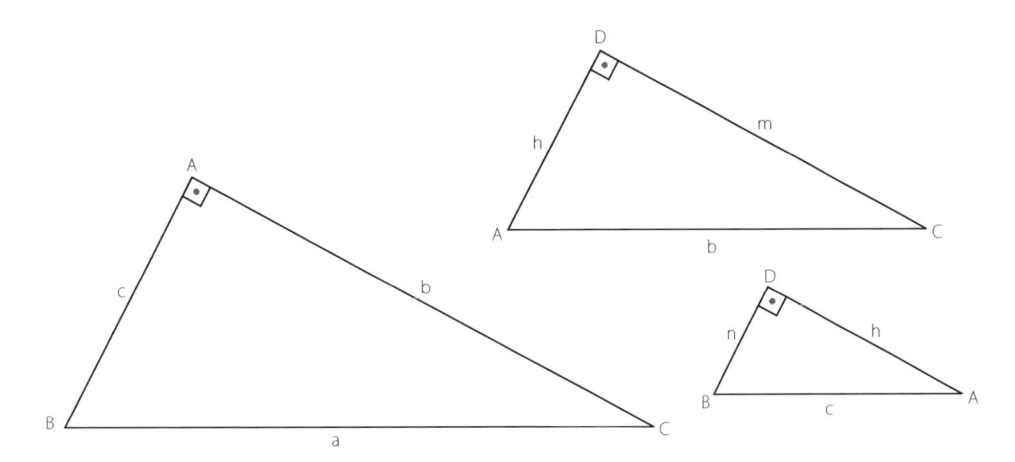

Note também que, analisados dois a dois, os triângulos têm sempre um ângulo comum. Como todos os triângulos têm um ângulo reto e a soma dos ângulos internos de qualquer triângulo é 180°, fica automaticamente determinado que o terceiro ângulo de todos os triângulos é o mesmo para os três. Portanto, os triângulos são semelhantes e podemos estabelecer as seguintes proporções:

1ª proporção:

$$\frac{c}{a} = \frac{n}{c}$$

$$c^2 = a \cdot n$$

2ª proporção:

$$\frac{b}{a} = \frac{m}{b}$$

$$b^2 = a \cdot m$$

Assim, os resultados da 1ª e 2ª proporções permitem escrever que:

Em um triângulo retângulo, o quadrado de um cateto é igual ao produto da hipotenusa pela projeção do mesmo cateto que é projetado sobre ela.

3ª proporção:

$$\frac{h}{m} = \frac{n}{h}$$

$$h^2 = m \cdot n$$

Assim:

Em um triângulo retângulo, o quadrado da altura relativa à hipotenusa é igual ao produto das projeções dos catetos sobre ela.

Multiplicando membro a membro os resultados obtidos da 1ª e 2ª proporções, obtemos:

$c^2 = a \cdot n$

$b^2 = a \cdot m$

$c^2 \cdot b^2 = a \cdot n \cdot a \cdot m$

$c^2 b^2 = a^2 \, m \cdot n$

Note que $h^2 = m \cdot n$. Então:

$c^2 b^2 = a^2 h^2$

bc = ah

Assim, podemos enunciar a seguinte relação métrica:

> Em um triângulo retângulo, o produto da medida dos catetos é igual ao produto da hipotenusa pela altura do triângulo relativa à hipotenusa.

5.3 Demonstração do teorema de Pitágoras

Utilizando as relações métricas que encontramos no tópico anterior, é possível fazer a demonstração algébrica do teorema de Pitágoras. Vamos ver como?

Já sabemos que:

$c^2 = a \cdot n$

e que:

$b^2 = a \cdot m$

Somando membro a membro essas duas relações, obtemos:

$b^2 + c^2 = a \cdot m + a \cdot n$

Colocando o **a** em evidência, obtemos:

$b^2 + c^2 = a \cdot (m + n)$

Sabemos que $a = (m + n)$. Logo:

$b^2 + c^2 = a \cdot a$

$b^2 + c^2 = a^2$

Esse resultado é o teorema enunciado por Pitágoras!
Vamos resolver um exemplo para aplicar o conhecimento que acabamos de estudar.

Exemplo:

Calcule as medidas **a**, **b**, **c** e **m** indicadas no triângulo retângulo a seguir.

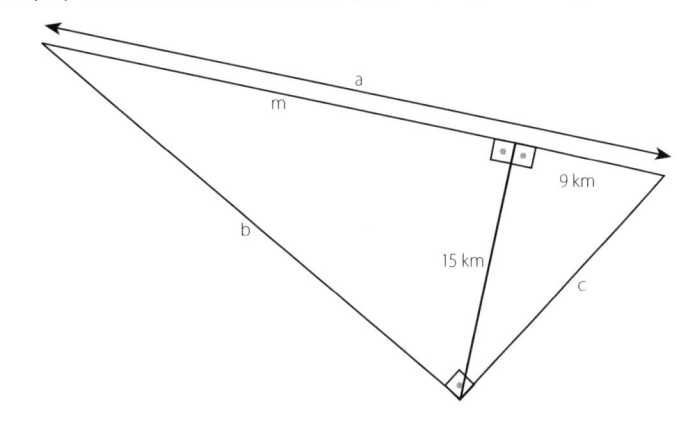

Primeiramente, vamos utilizar o teorema de Pitágoras para calcular o lado **c** do triângulo retângulo formado pelos lados 15 e 9.

$c^2 = 15^2 + 9^2$

$c^2 = 306$

$c = \sqrt{306}$

$c \approx 17{,}49$

Para calcular o lado **a**, vamos utilizar a relação:

$c^2 = a \cdot n$

$c^2 = a \cdot 9$

$306 = a \cdot 9$

$a = \dfrac{306}{9} = 34$ km

Para calcular o lado **m**, vamos utilizar a relação:

$h^2 = m \cdot n$

$15^2 = m \cdot 9$

$225 = m \cdot 9$

$m = \dfrac{225}{9} = 25$ km

Para calcular o lado **b**, vamos aplicar o teorema de Pitágoras:

$a^2 = b^2 + c^2$

$1\,156 = b^2 + 306$

$1\,156 - 306 = b^2$

$850 = b^2$

$\sqrt{850} = b$

$b \approx 29{,}2$ km

Geometria plana e trigonometria

Desafio:

Em um mapa, as cidades A, B, C e D estão sobre um triângulo retângulo. A cidade A está sobre o ângulo reto. Um vendedor deve sair da cidade B, passar pela cidade D, em seguida ir para a cidade A, retornar para a D, ir até a C e, por fim, retornar para a cidade B, passando pela cidade A. Somente as distâncias representadas no desenho a seguir são conhecidas. Calcule a menor distância que o vendedor irá percorrer.

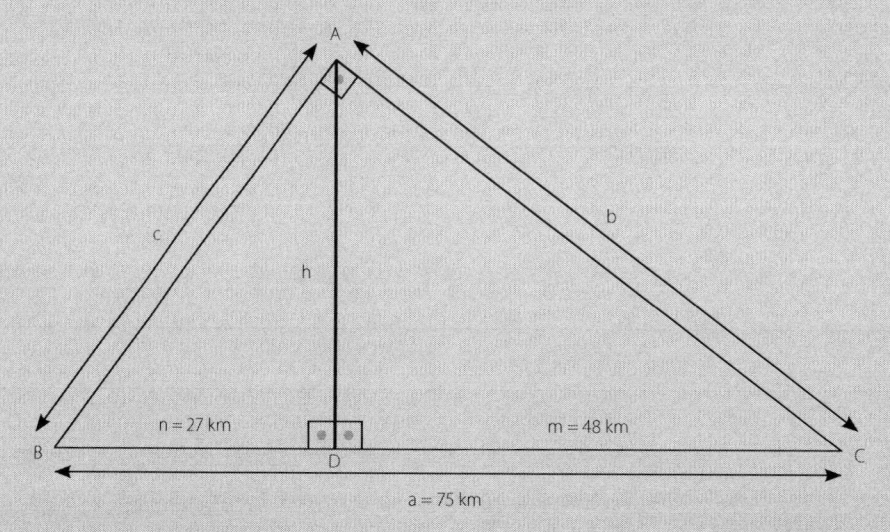

Raciocínio da resolução:

Para calcular a distância que o vendedor irá percorrer, precisamos conhecer os valores das distâncias **h**, **b** e **c**. Vamos utilizar as relações métricas do triângulo retângulo para obtê-las.

Sabemos que:

$c^2 = a \cdot n$
$b^2 = a \cdot m$
$h^2 = m \cdot n$
$bc = ah$
$a^2 = b^2 + c^2$

Para calcular a menor distância entre as cidades A e B, vamos utilizar a relação:

$c^2 = a \cdot n$
$c^2 = 75 \cdot 27$
$c^2 = 2\,025$
$AB = c = \sqrt{2025} = 45$ km

Para calcular a menor distância entre as cidades A e C, vamos utilizar a relação:

$b^2 = a \cdot m$
$b^2 = 75 \cdot 48$
$AC = b = \sqrt{3600} = 60$ km

Para calcular a menor distância entre as cidades A e D, vamos utilizar a relação:

$h^2 = m \cdot n$
$h^2 = 27 \cdot 48$
$AD = h = \sqrt{1296} = 36$ km

Agora temos todas as distâncias entre as cidades:

AB = c = 45 km
AC = b = 60 km
AD = h = 36 km
BD = n = 27 km
CD = m = 48 km

E podemos calcular o percurso P do vendedor:

P = BD + AD + AD + CD + AC + AB
P = n + h + h + m + b + c
P = 27 + 36 + 36 + 48 + 60 + 45
P = 252 km

Portanto, o vendedor percorrerá 252 km.

Síntese

Vimos que triângulos retângulos são aqueles que têm um ângulo reto, ou seja, um ângulo de 90°. O lado maior do triângulo retângulo é chamado de *hipotenusa* e os outros dois lados, de *catetos*. O teorema enunciado por Pitágoras estabelece que o quadrado da medida da hipotenusa é igual à soma dos quadrados das medidas dos catetos. Estudamos, então, as relações métricas em um triângulo retângulo e suas aplicações práticas.

Questões para revisão

1. O portão de uma fazenda tem 6 m de comprimento e 2,5 m de altura. Para reforçar o portão, o proprietário deseja colocar uma trave de madeira que vai do ponto A até o ponto B. Qual deve ser o comprimento dessa trave?

Geometria plana e trigonometria

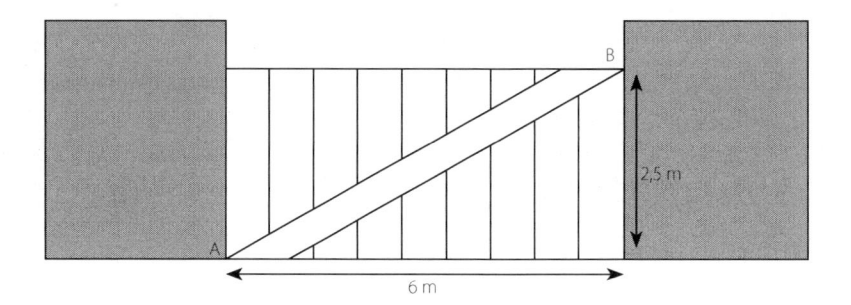

a) 6,2 m
b) 6,5 m
c) 6,8 m
d) 7,0 m

2. De um mesmo porto partem dois navios em sentidos perpendiculares. Um deles viaja com velocidade constante de 10 km/h e outro com velocidade constante de 30 km/h. Após três horas, qual é a menor distância entre os navios?

a) 50 km
b) 73,8 km
c) 89,2 km
d) 94,9 km

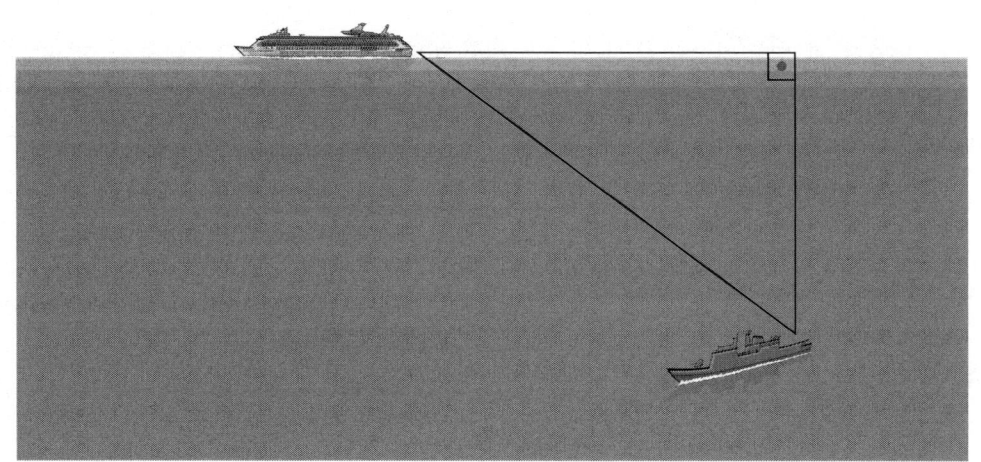

3. Qualquer triângulo inscrito em uma semicircunferência é um triângulo retângulo.

   Na figura a seguir, projetando a corda $\overline{MN}$ ortogonalmente sobre o diâmetro $\overline{NP}$, obtemos o segmento $\overline{NQ}$, cuja medida é 9 cm. Sabendo que o raio da circunferência é igual a 8 cm, calcule a medida **x** da corda $\overline{MN}$.

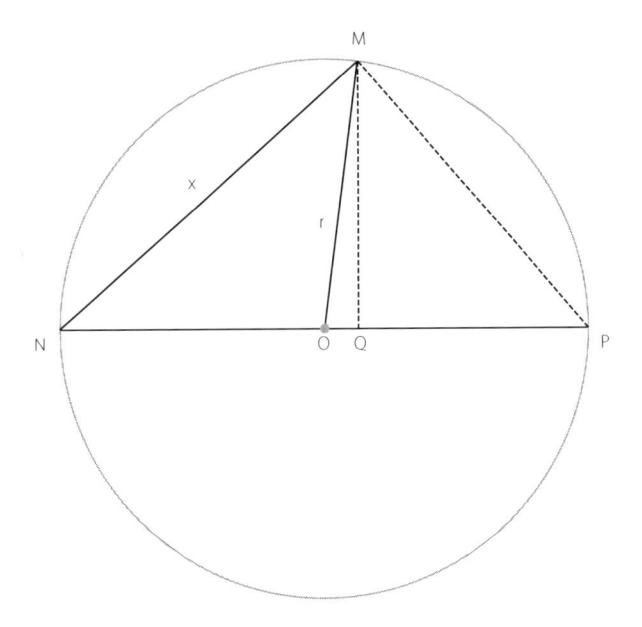

   a) 12 cm
   b) 11 cm
   c) 10 cm
   d) 9 cm

4. Determine o valor de **x** no triângulo retângulo a seguir.

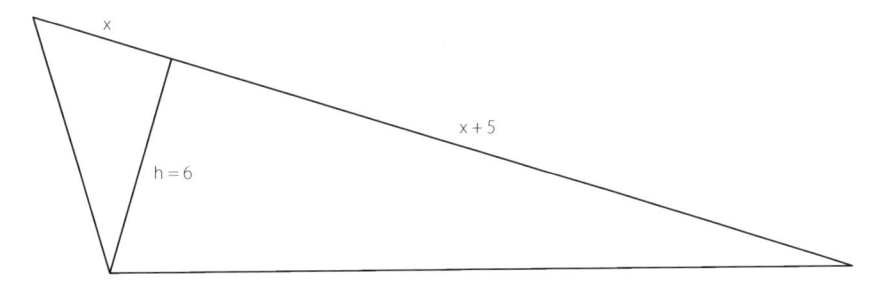

   a) x = 2
   b) x = 3
   c) x = 4
   d) x = 6

Geometria plana e trigonometria

5. Determine o valor de **x** no triângulo retângulo a seguir.

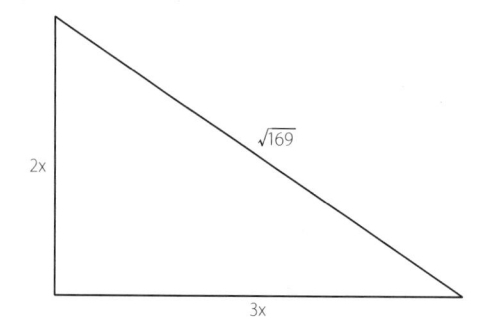

   (triângulo retângulo com catetos $2x$ e $3x$ e hipotenusa $\sqrt{169}$)

   a) x = 13,00
   b) x = $\sqrt{13}$
   c) x = 33,80
   d) x = 5,81

6. Qual é o valor da diagonal do retângulo a seguir?

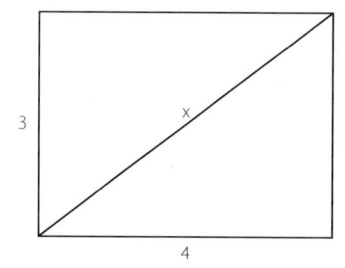

   (retângulo com lados 3 e 4 e diagonal x)

   a) x = 10
   b) x = 8
   c) x = 7
   d) x = 5

7. Qual é o valor da diagonal do quadrado a seguir?

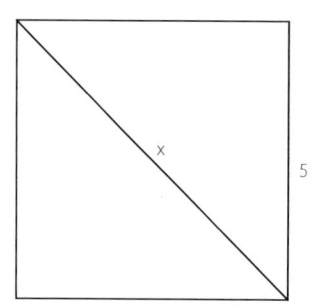

   (quadrado de lado 5 e diagonal x)

   a) x = 5
   b) x = $2\sqrt{5}$
   c) x = $5\sqrt{2}$
   d) x = 25

8. Qual é o valor da altura do triângulo isósceles a seguir?

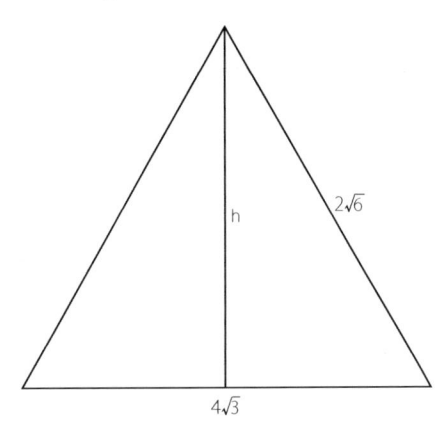

a) h = 6,0
b) h = 36,0
c) h = 2√3
d) h = 2√6

9. Determine o valor de **x** no polígono a seguir.

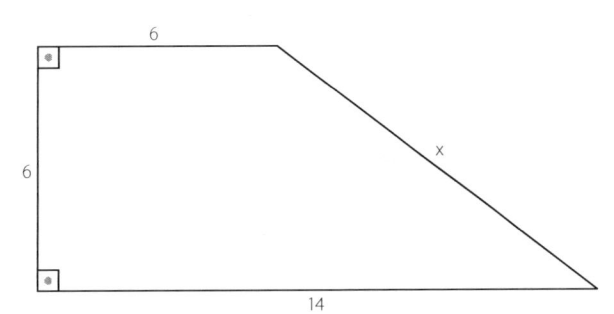

a) x = 8
b) x = 9
c) x = 10
d) x = 12

10. Os ângulos internos de um triângulo retângulo medem 2x e 4x. Quais são os valores desses ângulos?

a) 30° e 60°
b) 45° e 45°
c) 24° e 66°
d) 36° e 54°

6

Razões trigonométricas no triângulo

Conteúdos do capítulo

- Funções trigonométricas seno, cosseno e tangente.
- Tabela de razões trigonométricas.
- Relações trigonométricas em um triângulo qualquer.
- Lei dos senos.
- Lei dos cossenos.
- Funções trigonométricas secante, cossecante e cotangente.

Após o estudo deste capítulo, você será capaz de:

1. calcular o seno, o cosseno e a tangente de um ângulo dado;
2. estabelecer as razões trigonométricas em um triângulo qualquer;
3. aplicar a lei dos senos;
4. aplicar a lei dos cossenos;
5. calcular a secante, a cossecante e a cotangente de um ângulo dado.

Vamos considerar triângulo retângulo a seguir.

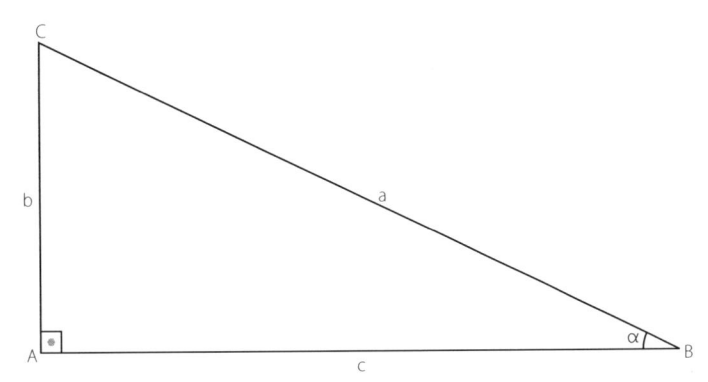

- A letra grega α (alfa) representa a medida do ângulo marcado na figura.
- **b** é a medida do cateto oposto ao ângulo α.
- **c** é a medida do cateto adjacente ao ângulo α.
- **a** é a medida da hipotenusa do triângulo retângulo.

Importante!

a. Na linguagem matemática, a palavra **cateto** se refere aos lados $\overline{AB}$ e $\overline{AC}$ de um triângulo retângulo.

b. A palavra **adjacente** pode ser entendida como "está ao lado". Portanto, cateto adjacente ao ângulo α é o lado do triângulo que está ao lado do ângulo α. Inicialmente você pode ficar confuso, entendendo que temos dois catetos ao lado do ângulo α. É isso mesmo, mas lembre-se de que um deles é a hipotenusa. Logo, o outro é o cateto adjacente ao ângulo α.

6.1 As funções trigonométricas seno, cosseno e tangente

Vamos, agora, desenhar outros dois triângulos retângulos semelhantes ao primeiro:

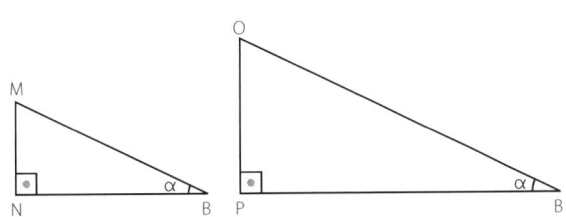

Geometria plana e trigonometria

Como os três triângulos são semelhantes, podemos estabelecer as seguintes proporções:

$$\frac{AC}{BC} = \frac{NM}{BM} = \frac{PO}{BO} = c_1 \text{ (uma constante)}$$

$$\frac{AB}{BC} = \frac{NB}{BM} = \frac{PB}{BO} = c_2 \text{ (uma constante)}$$

$$\frac{AC}{AB} = \frac{NM}{NB} = \frac{PO}{PB} = c_3 \text{ (uma constante)}$$

Essas constantes que acabamos de identificar recebem um nome especial:

- c_1 é chamado de *seno do ângulo* α.
- c_2 é chamado de *cosseno do ângulo* α.
- c_3 é chamado de *tangente do ângulo* α.

Assim, podemos escrever que:

$$\text{sen } \alpha = \frac{\text{medida do cateto oposto ao ângulo } \alpha}{\text{medida da hipotenusa}}$$

$$\cos \alpha = \frac{\text{medida do cateto adjacente ao ângulo } \alpha}{\text{medida da hipotenusa}}$$

$$\text{tg } \alpha = \frac{\text{medida do cateto oposto ao ângulo } \alpha}{\text{medida do cateto adjacente ao ângulo } \alpha}$$

O seno, o cosseno e a tangente são chamados de *razões trigonométricas relativas ao ângulo* α.

Exemplos:

a) Dado o triângulo retângulo a seguir, calcule os valores das razões trigonométricas da primeira coluna e relacione-os com os resultados da segunda coluna.

sen α	0,87
cos α	0,57
tg α	0,50

$$\text{sen } \alpha = \frac{5}{10} = 0,50$$

$$\cos \alpha = \frac{8,7}{10} = 0,87$$

$$\text{tg } \alpha = \frac{5}{8,7} = 0,57$$

A resposta, portanto, é:

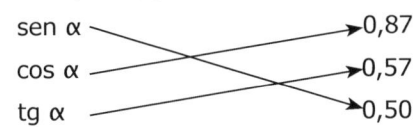

sen α → 0,87
cos α → 0,57
tg α → 0,50

b) Dado o triângulo retângulo a seguir, calcule os valores das razões trigonométricas da primeira coluna e relacione-os com os resultados da segunda coluna.

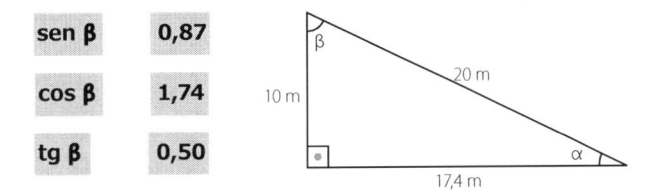

sen β	0,87
cos β	1,74
tg β	0,50

$\cos \beta = \dfrac{10}{20} = 0,50$

$\sen \beta = \dfrac{17,4}{20} = 0,87$

$\tg \beta = \dfrac{17,4}{10} = 1,74$

A resposta, portanto, é:

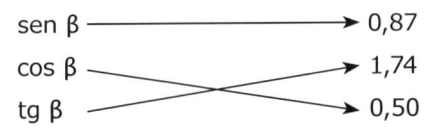

sen β → 0,87
cos β → 1,74
tg β → 0,50

6.2 Construindo uma tabela de razões trigonométricas

Tomando como base o que foi visto sobre trigonometria, você tem alguma ideia de como montar uma tabela contendo os ângulos e as correspondentes razões trigonométricas (seno, cosseno e tangente)?

É simples. Veja como proceder:

1. Desenhe uma circunferência de raio qualquer.
2. Com um transferidor, marque os ângulos que você deseja que apareçam na sua tabela. O ângulo é marcado fora da circunferência, mas corresponde ao ângulo que está localizado no centro da circunferência.
3. Desenhe um triângulo retângulo para cada um dos ângulos marcados.
4. Agora é só utilizar as definições das razões trigonométricas para chegar aos valores do seno, do cosseno e da tangente de cada ângulo.

A seguir, temos um desenho que representa uma circunferência de raio igual a 1 m. No interior da circunferência, desenhamos um triângulo retângulo com um ângulo, que está no centro, igual a 40°.

Geometria plana e trigonometria

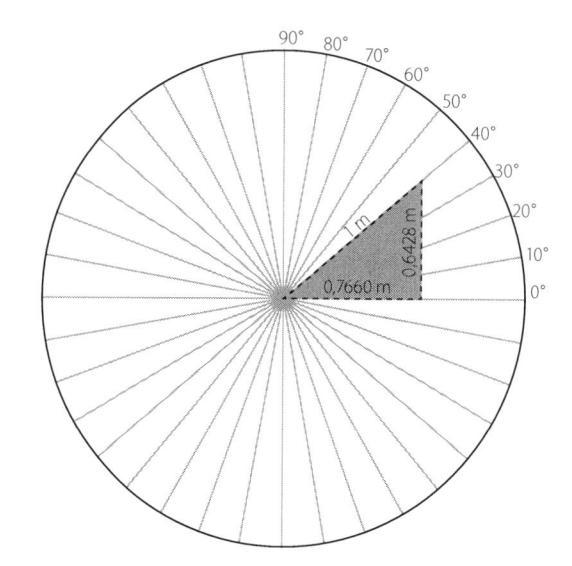

Note que a hipotenusa do triângulo retângulo é igual ao raio. Para saber o valor do seno, do cosseno e da tangente, basta medir o tamanho dos catetos oposto e adjacente ao ângulo de 40° e calcular as razões trigonométricas anteriormente definidas. Assim:

$$\text{sen } 40° = \frac{\text{cateto oposto}}{\text{hipotenusa}} = \frac{0,6428}{1 \text{ m}} = 0,6428$$

$$\cos 40° = \frac{\text{cateto adjacente}}{\text{hipotenusa}} = \frac{0,7660}{1 \text{ m}} = 0,7660$$

$$\text{tg } 40° = \frac{\text{cateto oposto}}{\text{cateto adjacente}} = \frac{0,6428 \text{ m}}{0,7660 \text{ m}} = 0,8392$$

Importante!

1. Os valores das razões trigonométricas são adimensionais, ou seja, não têm unidades.

2. Note que, no cálculo da tangente, dividimos o cateto oposto pelo adjacente, que é o mesmo que dividir o valor do seno pelo do cosseno. Assim, a tangente pode ser também escrita como:

$$\text{tg } 40° = \frac{\text{sen } 40°}{\cos 40°} = \frac{0,6428 \text{ m}}{0,7660 \text{ m}} = 0,8392$$

Se fizéssemos isso para todos os ângulos indicados na figura, obteríamos uma tabela contendo as correspondentes razões trigonométricas.

Tabela 6.1 – Razões trigonométricas dos ângulos indicados na figura anterior

Ângulo	Seno	Cosseno	Tangente
0°	0	1	0
10°	0,174	0,985	0,176
20°	0,342	0,940	0,364
30°	0,500	0,866	0,577
40°	0,643	0,766	0,839
50°	0,766	0,643	1,192
60°	0,866	0,500	1,732
70°	0,940	0,342	2,747
80°	0,985	0,174	5,671
90°	1	0	Não existe

É válido destacar que as tabelas trigonométricas eram bastante utilizadas quando a humanidade não dispunha de calculadoras, computadores ou qualquer outro artefato tecnológico que permitisse realizar cálculos com rapidez. Atualmente, qualquer pessoa tem acesso a calculadoras ou *softwares* que permitem obter instantaneamente as razões trigonométricas para qualquer ângulo desejado. Por isso, as tabelas trigonométricas, ou tábuas trigonométricas, estão caindo cada vez mais em desuso.

Note também que:

cos 0° = sen 90° = 1
cos 10° = sen 80° = 0,985
cos 20° = sen 70° = 0,940
cos 30° = sen 60° = 0,866
cos 40° = sen 50° = 0,766
cos 50° = sen 40° = 0,643
cos 60° = sen 30° = 0,500
cos 70° = sen 20° = 0,342
cos 80° = sen 10° = 0,174
cos 90° = sen 0° = 0

Você já sabe que a soma dos ângulos internos de qualquer triângulo é sempre igual a 180°. Como um dos ângulos do triângulo retângulo destacado na figura anterior é igual a 90°, a soma dos outros dois ângulos, necessariamente, tem de ser também igual a 90°. Quando isso acontece, dizemos que os ângulos são complementares e as igualdades que acabamos de mencionar são observadas. De modo geral, podemos escrever:

$$\text{sen } \beta = \cos(90° - \beta)$$

$$\cos \beta = \text{sen}(90° - \beta)$$

Exemplo:

Na ilustração a seguir, o ângulo β é igual a 50°.

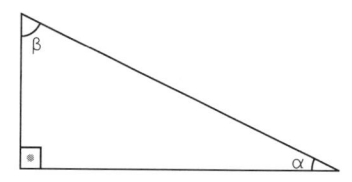

Calcule sen α, cos α, sen β e cos β. Em seguida, compare os resultados.

Como β = 50° e os ângulos α e β são complementares, então α = 40°, pois:

50° + 40° = 90°

Consultando a tabela de razões trigonométricas, verificamos que:

sen β = sen 50° = 0,766
cos β = cos 50° = 0,643
cos α = cos 40° = 0,766
sen α = sen 40° = 0,643

Comparando os resultados, verificamos que:

cos α = sen β
con β = sen α

Ou seja:

sen β = cos(90° − β)
cos β = sen(90° − β)

6.3 Relações trigonométricas em um triângulo qualquer

Vamos iniciar nosso estudo de relações trigonométricas analisando a situação descrita a seguir.

> Um navio A está 3 km distante do navio B. O comandante do navio A observa um terceiro navio C a 7,5 km de seu navio e, com um instrumento apropriado, verifica que o ângulo formado entre a linha imaginária que une o navio A com o navio B e a linha imaginária que une o navio A com o navio C é de 60°. Qual é a distância entre os navios B e C?

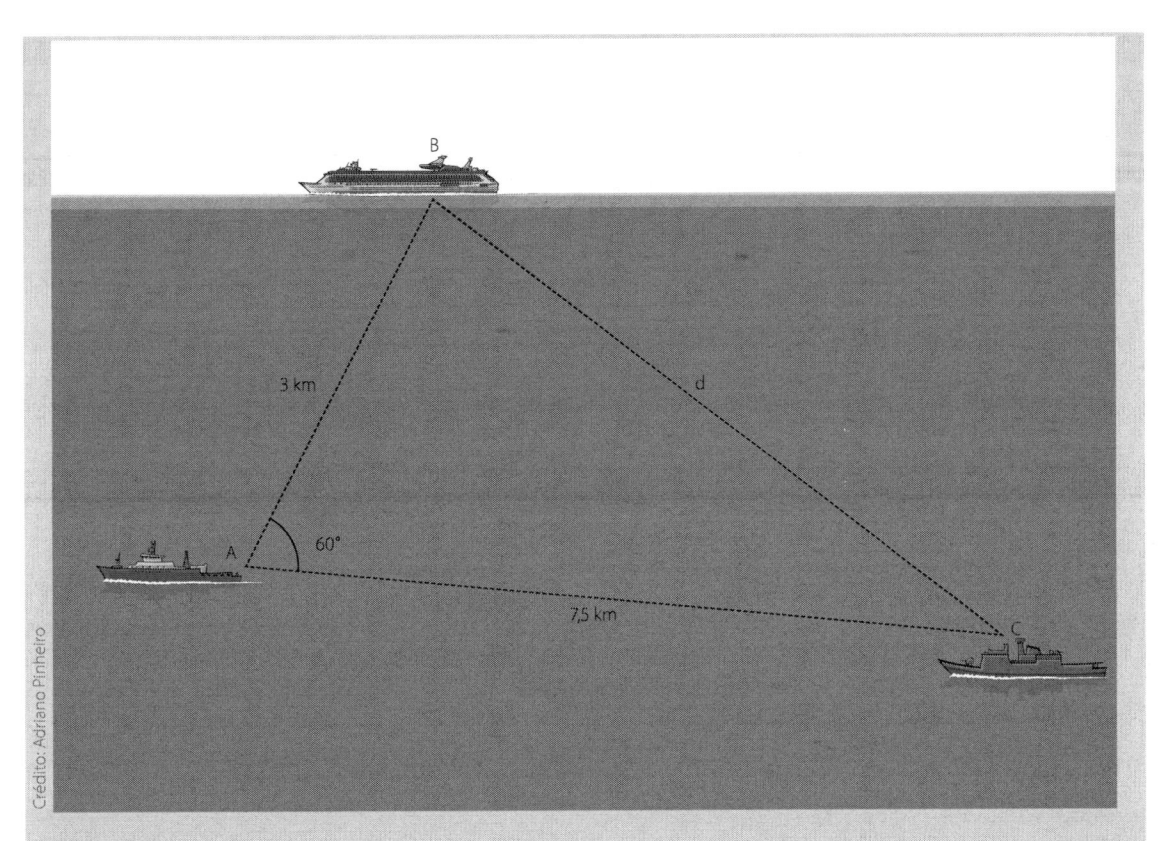

Note que temos de calcular a medida do lado **d** de um triângulo que não é um triângulo retângulo. Logo, não podemos aplicar diretamente as razões trigonométricas que estabelecemos no estudo dos triângulos retângulos. Vamos, então, deduzir relações trigonométricas que podem ser aplicadas para calcular lados e ângulos em triângulos quaisquer e que são muito úteis para resolver problemas de física em que se utilizam vetores.

6.3.1 Lei ou teorema dos senos

Vamos considerar o triângulo acutângulo a seguir.

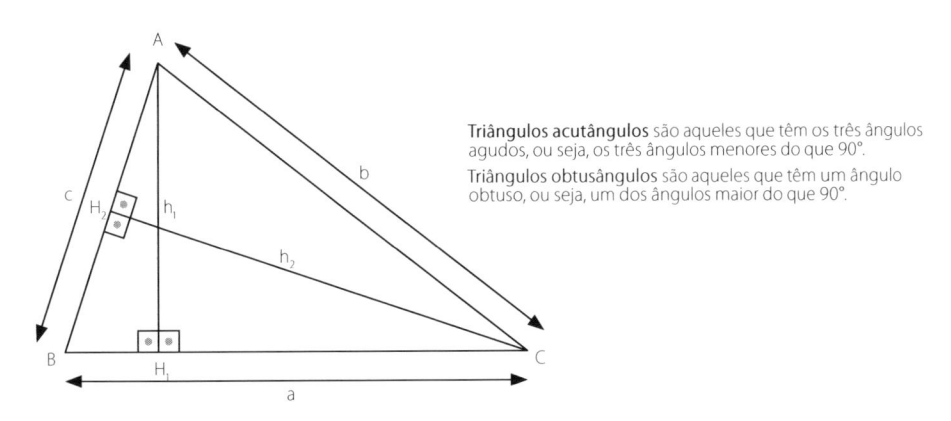

Triângulos acutângulos são aqueles que têm os três ângulos agudos, ou seja, os três ângulos menores do que 90°.
Triângulos obtusângulos são aqueles que têm um ângulo obtuso, ou seja, um dos ângulos maior do que 90°.

Primeiramente vamos separar os triângulos retângulos ABH_1 e ACH_1:

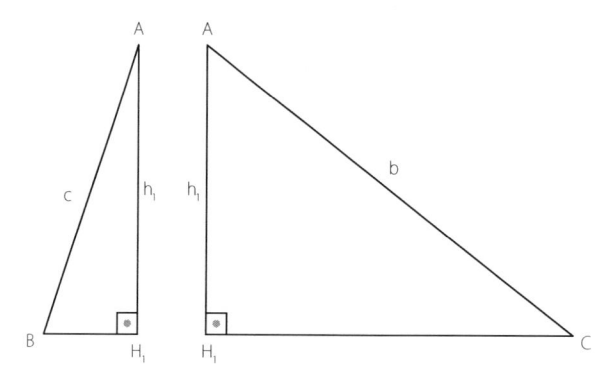

Note que:

$$\text{sen } B = \frac{h_1}{c} \rightarrow h_1 = c \cdot \text{sen } B$$

$$\text{sen } C = \frac{h_1}{b} \rightarrow h_1 = b \cdot \text{sen } C$$

Assim:

$c \cdot \text{sen } B = b \cdot \text{sen } C$

Então:

$$\frac{c}{\text{sen C}} = \frac{b}{\text{sen B}}$$

Agora vamos separar os triângulos retângulos BCH_2 e ACH_2:

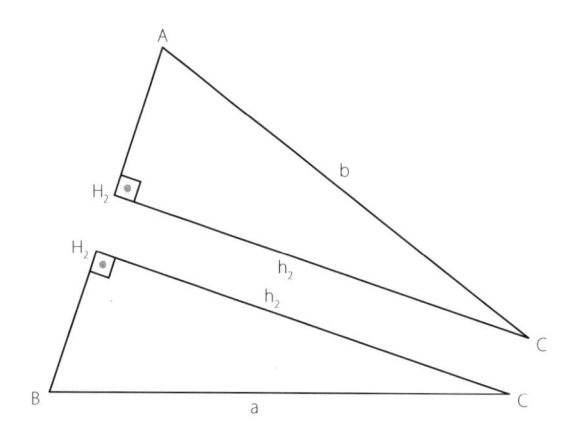

Note que:

$$\operatorname{sen} A = \frac{h_2}{b} \rightarrow h_2 = b \cdot \operatorname{sen} A$$

$$\operatorname{sen} B = \frac{h_2}{a} \rightarrow h_2 = a \cdot \operatorname{sen} B$$

Assim:

$a \cdot \operatorname{sen} B = b \cdot \operatorname{sen} A$

Então:

$$\frac{a}{\operatorname{sen} A} = \frac{b}{\operatorname{sen} B}$$

Os resultados da primeira e da segunda análise permitem escrever a lei ou teorema dos senos.

Lei dos senos: o lado **a** está para o seno do ângulo A assim como o lado **b** está para o seno do ângulo B e assim como o lado **c** está para o seno do ângulo C. Em linguagem matemática, podemos escrever:

$$\frac{a}{\operatorname{sen} A} = \frac{b}{\operatorname{sen} B} = \frac{c}{\operatorname{sen} C}$$

■ **Importante!**

A lei ou teorema dos senos é válida para qualquer triângulo.

Exemplo:

(Adaptado de UFPE – 2004) Uma ponte deve ser construída sobre um rio, unindo os pontos A e B, como ilustrado na figura a seguir. Para calcular o comprimento AB, escolhe-se um ponto C, na mesma margem em que B está, e medem-se os ângulos CBA = 57° e ACB = 59°. Sabendo que BC mede 30 m, indique, em metros, a distância AB (Dado: use as aproximações sen 59° = 0,87 e sen 64° = 0,9).

Geometria plana e trigonometria

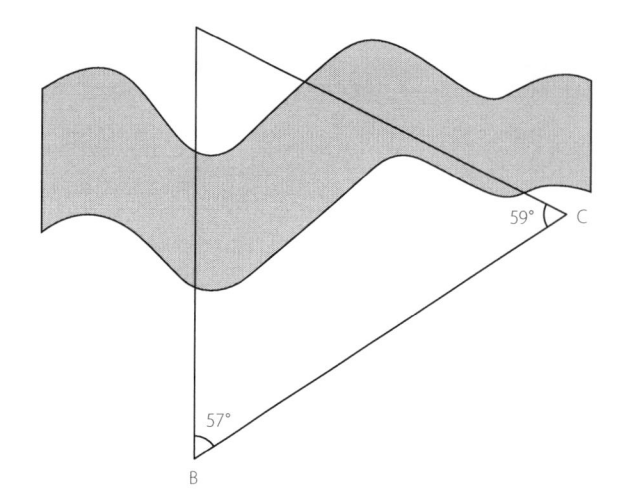

Como todo triângulo tem a soma dos ângulos internos igual a 180°, o ângulo que não está marcado no desenho do enunciado é igual a 64°. Está aí o motivo de o seno desse ângulo ser fornecido no enunciado.

Vamos ilustrar melhor o problema.

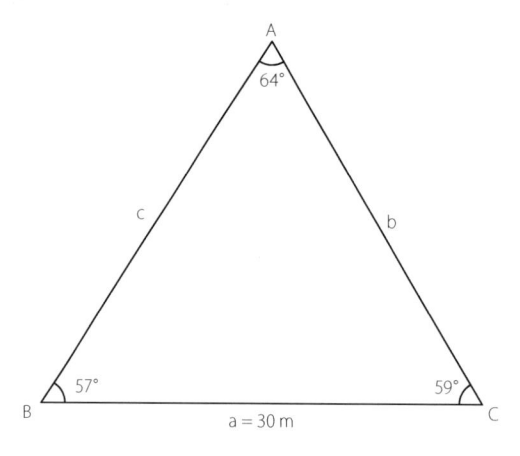

Note que agora podemos resolver o problema facilmente, aplicando a lei dos senos.

$$\frac{a}{\operatorname{sen} A} = \frac{c}{\operatorname{sen} C}$$

$$\frac{30}{\operatorname{sen} 64°} = \frac{c}{\operatorname{sen} 59°}$$

$$\frac{30}{0,9} = \frac{c}{0,87}$$

$$c = \frac{30 \cdot 0,87}{0,9}$$

$$c = 29 \text{ m}$$

Portanto, a distância AB é igual a 29 m.

6.3.2 Lei ou teorema dos cossenos

A lei ou teorema dos cossenos também é uma expressão matemática que relaciona os três lados de um triângulo qualquer com seus ângulos. Vamos considerar o triângulo acutângulo a seguir.

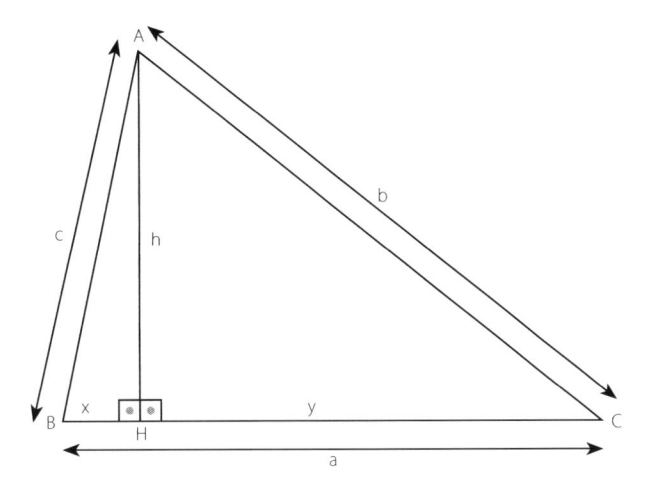

Inicialmente, vamos separar o triângulo ABC em dois triângulos retângulos ABH e ACH:

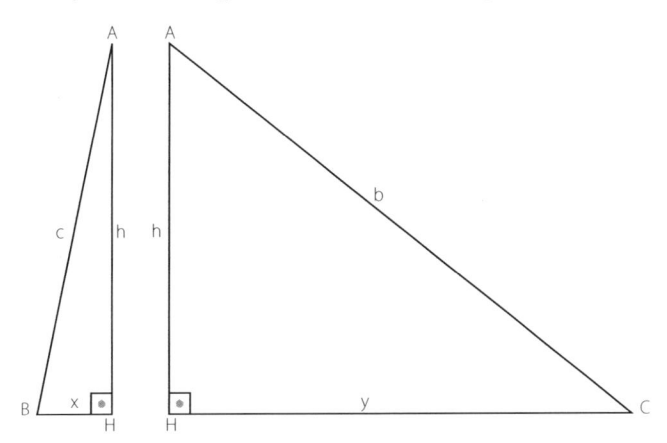

Vamos aplicar o teorema de Pitágoras ao triângulo ABH:

$c^2 = h^2 + x^2$

Agora vamos isolar h^2:

$h^2 = c^2 - x^2$ \hspace{2em} (1)

Vamos fazer o mesmo para o triângulo ACH:

$b^2 = h^2 + y^2$
$h^2 = b^2 - y^2$ \hspace{2em} (2)

Podemos agora comparar as equações (1) e (2) e eliminar o termo h^2:

$b^2 - y^2 = c^2 - x^2$

$b^2 = c^2 - x^2 + y^2$ (3)

Analise novamente o triângulo original e note que:

$y = a - x$

Podemos substituir esse resultado na equação (3):

$b^2 = c^2 - x^2 + (a - x)^2$

Desenvolvendo o produto notável, obtemos:

$b^2 = c^2 - x^2 + a^2 - 2ax + x^2$

$b^2 = c^2 + a^2 - 2ax$ (4)

Para termos uma expressão que relaciona os lados do triângulo original com seus ângulos, basta eliminar o **x** da expressão (4). Para isso, vamos utilizar a razão trigonométrica cosseno:

$\cos B = \dfrac{x}{c}$

$x = c \cdot \cos B$

Substituindo essa expressão em (4), obtemos:

$$b^2 = a^2 + c^2 - 2ac \cdot \cos B$$

Essa expressão é válida para qualquer triângulo e é conhecida como **lei dos cossenos**.

Chegamos a esse resultado escolhendo separar o triângulo original em dois triângulos retângulos a partir da segmentação de um de seus lados. Se aplicarmos o mesmo raciocínio para os outros dois lados do triângulo, obteremos relações análogas. Assim, podemos enunciar a lei dos cossenos como explicitado a seguir.

> **Lei dos cossenos**: em qualquer triângulo, o quadrado de um dos lados é igual à soma dos quadrados dos outros dois lados, menos duas vezes o produto desses dois lados pelo cosseno do ângulo oposto ao primeiro lado. Em linguagem matemática, temos:
>
> $$a^2 = b^2 + c^2 - 2bc \cdot \cos A$$
>
> $$b^2 = a^2 + c^2 - 2ac \cdot \cos B$$
>
> $$c^2 = a^2 + b^2 - 2ab \cdot \cos C$$

Para deduzir tanto a lei ou teorema dos senos quanto a lei ou teorema dos cossenos, utilizamos um triângulo acutângulo. Entretanto, essas leis são válidas também para os triângulos obtusângulos.

Exemplo:

Lembra-se do problema dos navios, proposto na Seção 6.3? Agora podemos resolvê-lo utilizando a lei dos cossenos.

Um navio A está distante 3 km do navio B. O comandante do navio A observa um terceiro navio C a 7,5 km do seu navio e, com um instrumento apropriado, verifica que o ângulo formado entre a linha imaginária que une o navio A com o navio B e a linha imaginária que une o navio A com o navio C é de 60°. Qual é a distância entre os navios B e C?

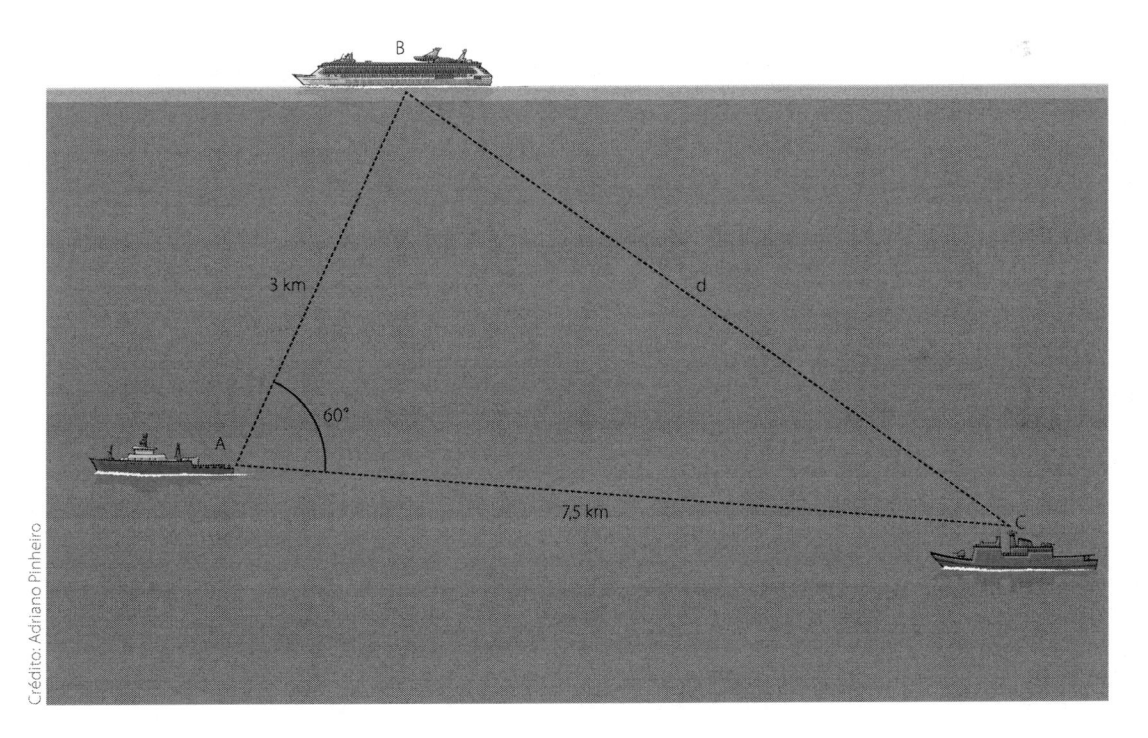

Vamos aplicar a lei ou teorema dos cossenos:

$a^2 = b^2 + c^2 - 2bc \cdot \cos A$

Note que:

$a = d$

Geometria plana e trigonometria

b = 7,5

c = 3

cos A = cos 60° = 0,5

Assim:

$d^2 = 7,5^2 + 3^2 - 2 \cdot 7,5 \cdot 3 \cdot 0,5$

$d^2 = 56,25 + 9 - 22,5$

$d^2 = 42,75$

$d = \sqrt{42,75} = 6,54$

Portanto, a distância entre os navios B e C é de 6,54 km.

Desafio:

Duas árvores estão separadas por uma distância **x**. O ângulo entre as linhas de visão de uma pessoa que as observa é 110°, e o ângulo formado entre uma dessas linhas e a linha imaginária que une as duas árvores é 45°. Considere que o observador está a 120 m de uma das árvores e calcule a distância entre as duas árvores e a distância entre ele e a segunda árvore. Utilize os dados do desenho para melhor se orientar e considere sen 110°= 0,940, sen 45°= 0,707 e cos 25°= 0,906.

Raciocínio da resolução:

Primeiramente vamos utilizar a lei dos senos para determinar a distância entre as duas árvores. Assim:

$$\frac{120}{\text{sen } 45°} = \frac{x}{\text{sen } 110°}$$

$$\frac{120}{0,707} = \frac{x}{0,940}$$

$$x = \frac{120 \cdot 0,940}{0,707}$$

x = 159,55 m

Como a soma dos ângulos internos de qualquer triângulo é 180°, o ângulo é igual a 25°. Para determinar **y**, tanto faz aplicar a lei dos senos ou a lei dos cossenos. Como o enunciado fornece o valor do cosseno de 25°, vamos utilizar a lei dos cossenos. Assim:

$y^2 = 120^2 + 159,55^2 - 2 \cdot 120 \cdot 159,55 \cdot \cos 25°$

$y^2 = 14\,400 + 25\,456,20 - 2 \cdot 120 \cdot 159,55 \cdot 0,906$

$y^2 = 4\,163,65$

$y = \sqrt{4\,163,65}$

$y = 64,53$ m

Portanto, a distância entre as duas árvores é de 159,55 m e a distância entre o observador e a outra árvore é de 64,53 m.

É importante observar que, quando você conhece o seno e o cosseno de um ângulo α, para determinar o valor da tangente desse mesmo ângulo α, basta aplicar a fórmula:

$$\text{tg } \alpha = \frac{\text{sen } \alpha}{\cos \alpha}$$

6.4 As funções trigonométricas secante, cossecante e cotangente

Estudamos o seno, o cosseno e a tangente como razões trigonométricas em um triângulo retângulo. Então, com base nesses conhecimentos, podemos definir com facilidade a secante, a cossecante e a cotangente de um ângulo agudo, pois:

$$\text{secante do ângulo} = \frac{\text{hipotenusa}}{\text{cateto adjacente do ângulo}}$$

$$\text{cossecante do ângulo} = \frac{\text{hipotenusa}}{\text{cateto oposto do ângulo}}$$

$$\text{cotangente do ângulo} = \frac{\text{cateto adjacente do ângulo}}{\text{cateto oposto do ângulo}}$$

Geometria plana e trigonometria

Exemplo:

Suponhamos o triângulo retângulo a seguir representado.

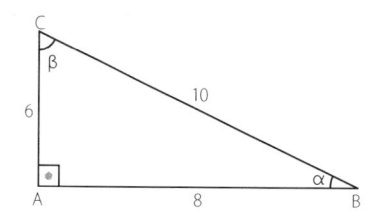

Sabemos que α + β = 90°.

Já conhecemos as razões para o seno, o cosseno e a tangente de um ângulo. Então:

sen α = $\frac{6}{10}$ = 0,60

cos α = $\frac{8}{10}$ = 0,80

tg α = $\frac{6}{8}$ = 0,75

sen β = $\frac{8}{10}$ = 0,80

cos β = $\frac{6}{10}$ = 0,60

tg β = $\frac{8}{6}$ = 1,33

Agora podemos calcular também a secante, a cossecante e a cotangente desses ângulos:

sec α = $\frac{10}{8}$ = 1,25

cossec α = $\frac{10}{6}$ = 1,67

cotg α = $\frac{8}{6}$ = 1,33

sec β = $\frac{10}{6}$ = 1,67

cossec β = $\frac{10}{8}$ = 1,25

cotg β = $\frac{6}{8}$ = 0,75

Síntese

Neste capítulo, definimos as razões trigonométricas seno, cosseno e tangente e construímos uma tabela com as razões trigonométricas dessas funções. Foi comprovado que sen β = cos(90° − β) e que cos β = sen(90° − β). Também apresentamos as razões trigonométricas em um triângulo qualquer e os teoremas do seno e do cosseno. Em seguida, finalmente, definimos as funções trigonométricas secante, cossecante e cotangente.

Questões para revisão

1. Pedro deseja saber qual é a altura do poste que está representado na figura a seguir. Ele sabe que o cateto adjacente ao ângulo de 40° mede 10 m. Vamos ajudar Pedro?

   a) A altura do poste é de 6 m.
   b) A altura do poste é de 6,57 m.
   c) A altura do poste é de 7,23 m.
   d) A altura do poste é de 8,39 m.

2. Em uma fazenda, o celeiro fica a uma distância de 100 m da casa. Valendo-se dos dados fornecidos no desenho a seguir, calcule a distância entre o celeiro e o gerador de energia e a distância entre a casa e o gerador de energia.

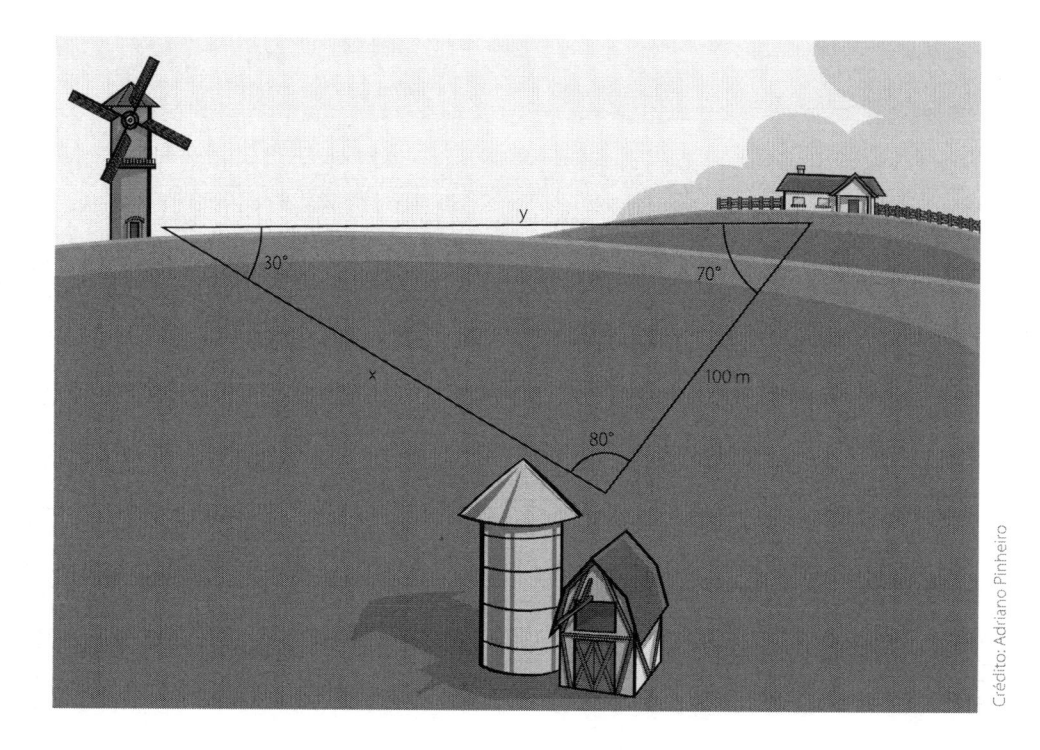

Geometria plana e trigonometria

Quais são, respectivamente as distâncias **y** (entre a casa e o gerador de energia) e **x** (entre o celeiro e o gerador de energia)?

a) 197 m e 188 m

b) 150 m e 180 m

c) 177 m e 190 m

d) 200 m e 190 m

3. (Unicamp-SP – 1990) A água utilizada na casa de um sítio é captada e bombeada do rio para uma caixa d'água a 50 m de distância. A casa está a 80 m de distância da caixa d'água, e o ângulo formado pelas direções caixa d'água-bomba e caixa d'água-casa é de 60°. Se se pretende bombear água no mesmo ponto de captação até a casa, quantos metros de encanamento serão necessários?

a) 50 m

b) 60 m

c) 70 m

d) 80 m

7

Quadriláteros e áreas de figuras geométricas

Conteúdos do capítulo

- Quadriláteros.
- Polígonos côncavos e convexos.
- Elementos de um polígono regular.
- Áreas de figuras geométricas.
- Fórmula de Heron.
- Área de um polígono regular.
- Área de um círculo e perímetro de uma circunferência.

Após o estudo deste capítulo, você será capaz de:

1. identificar diversos tipos de quadriláteros;
2. identificar polígonos côncavos e convexos;
3. determinar os elementos de um polígono regular;
4. calcular a área de figuras geométricas;
5. calcular a área de um triângulo pela fórmula de Heron;
6. calcular a área de um polígono regular e de um círculo.

Capítulo 7 • Quadriláteros e áreas de figuras geométricas

7.1 Quadriláteros

Os polígonos que têm quatro lados são chamados de *quadriláteros*. A seguir está representado o quadrilátero ABCD.

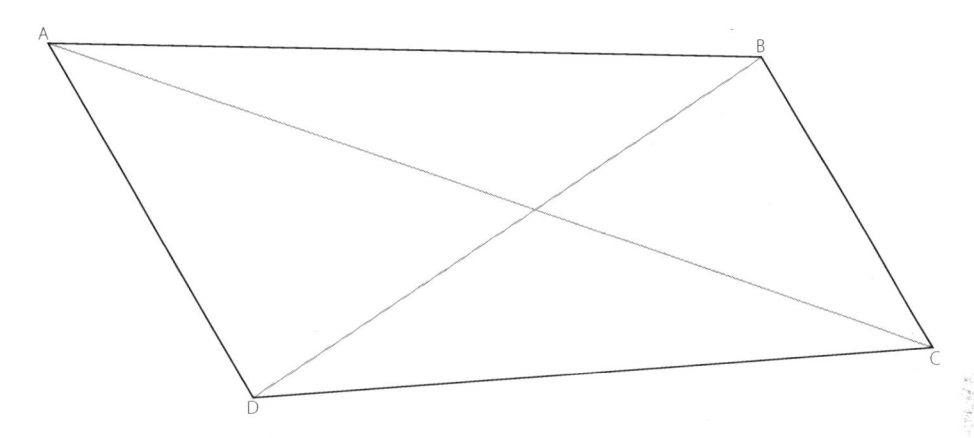

Agora conheça algumas características desse quadrilátero:

a. Os pontos A, B, C e D são os vértices do quadrilátero.
b. O vértice A é oposto ao vértice C, assim como o vértice B é oposto ao vértice D.
c. Os segmentos $\overline{AB}$, $\overline{BC}$, $\overline{CD}$ e $\overline{AD}$ são os lados do quadrilátero.
d. O segmento $\overline{AB}$ é o lado oposto de $\overline{CD}$, assim como $\overline{BC}$ é o lado oposto de $\overline{AD}$.
e. Os segmentos $\overline{AC}$ e $\overline{BD}$ são chamados de *diagonais do quadrilátero*.
f. A soma das medidas dos lados de um quadrilátero é o seu perímetro, representado por **2p**.

Quer saber quanto vale a soma dos ângulos internos de um quadrilátero? Então veja a experiência que nós preparamos para você.

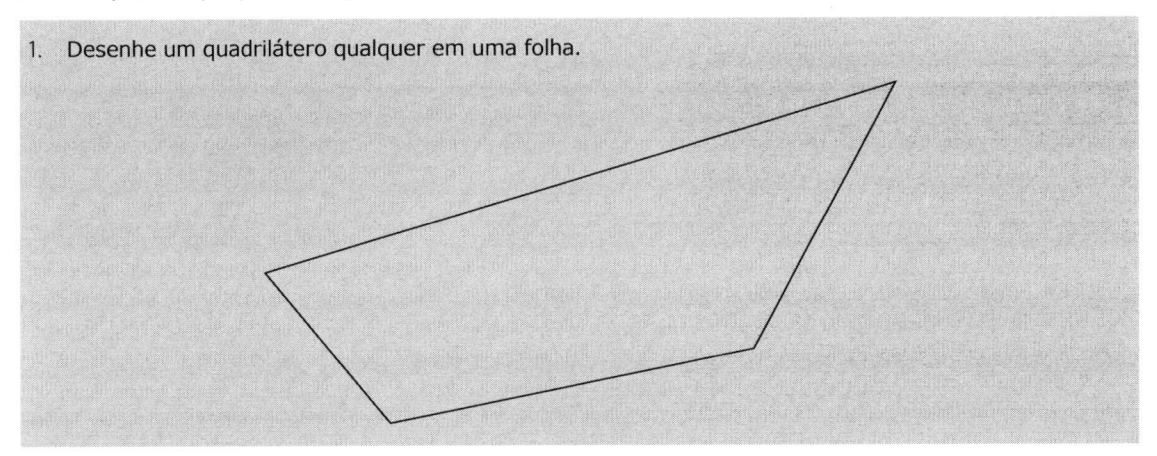

1. Desenhe um quadrilátero qualquer em uma folha.

Geometria plana e trigonometria

2. Com um compasso, risque cada um dos ângulos. A ponta seca do compasso deve ficar exatamente sobre o vértice.

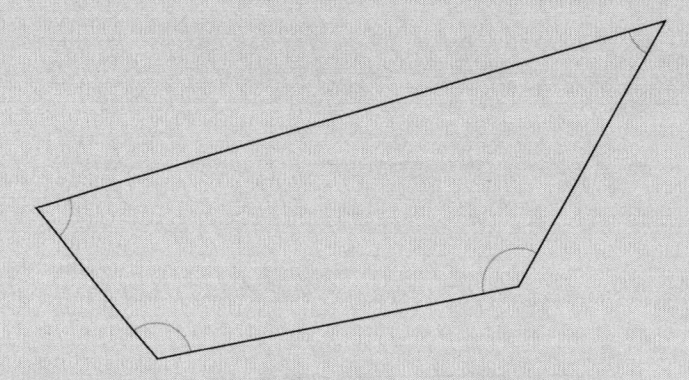

3. Risque de um lado oposto ao outro uma reta tracejada, ligando os pontos médios de cada lado. O quadrilátero ficará dividido em quatro partes. Numere cada uma das partes.

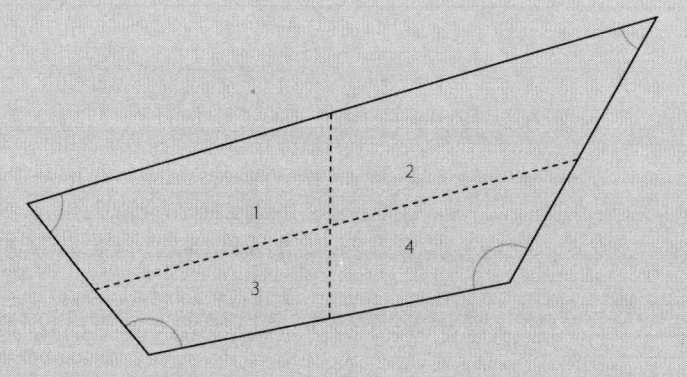

4. Recorte cada uma das partes e una os vértices do quadrilátero na região central.

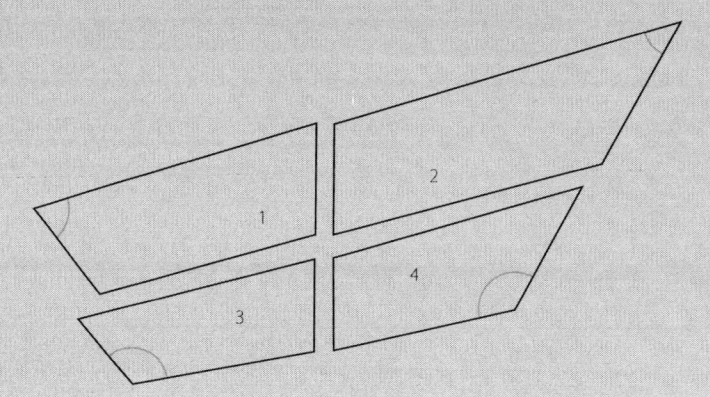

5. Una os vértices do quadrilátero.

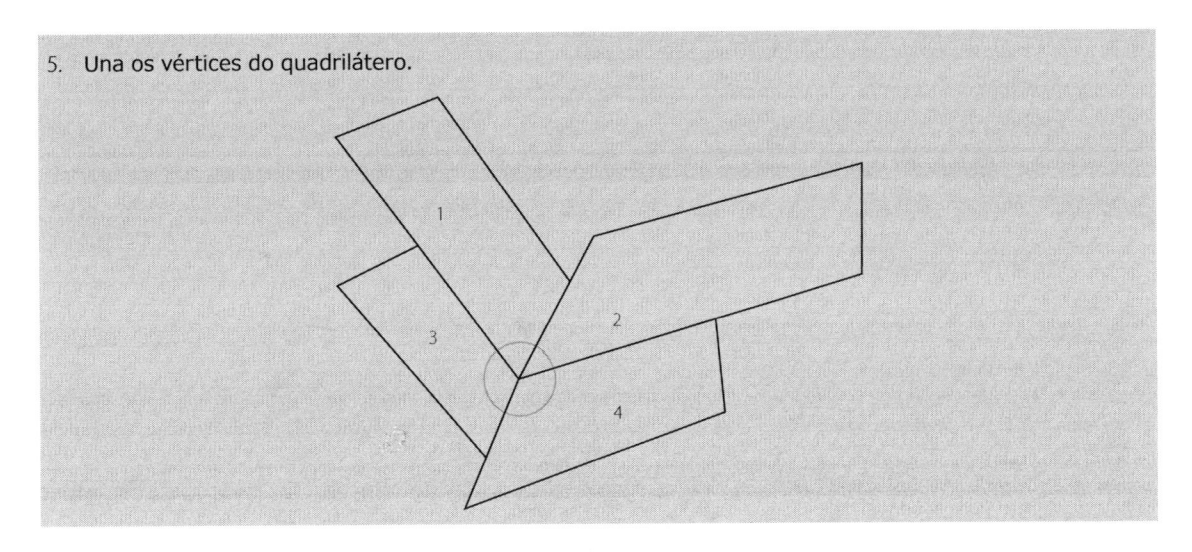

Você acabou de fazer uma experiência que mostra que a soma dos ângulos internos de um quadrilátero qualquer é igual a 360°, pois, unindo todos os ângulos, temos uma circunferência perfeita.

Na Seção 7.4, você verá que, algebricamente, podemos calcular a soma dos ângulos internos de qualquer polígono utilizando a seguinte fórmula:

$$S = (n - 2) \cdot 180°$$

Em que:

S = soma dos ângulos

n = número de lados do polígono

Como estamos estudando um polígono de quatro lados, poderíamos ter aplicado essa fórmula para saber quantos graus vale a soma dos ângulos internos desse polígono:

$S = (n - 2) \cdot 180°$
$S = (4 - 2) \cdot 180°$
$S = 2 \cdot 180° = 360°$

Exemplos:

a) Sabendo que o perímetro do quadrilátero a seguir mede 204 cm, calcule o valor de **x** e as medidas de cada um dos lados.

Geometria plana e trigonometria

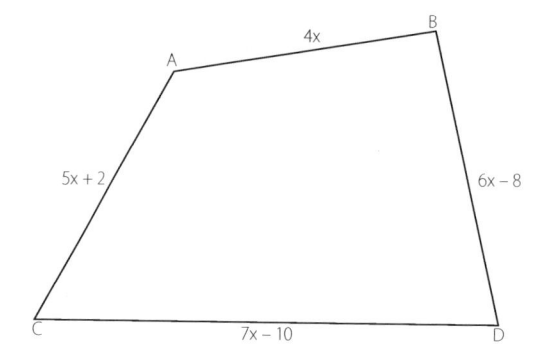

Você já sabe que o perímetro de qualquer polígono é igual à soma de todos os seus lados. Logo, podemos escrever:

5x + 2 + 4x + 6x − 8 + 7x − 10 = 204

22x − 16 = 204

22x = 204 + 16

22x = 220

$x = \dfrac{220}{22} = 10$ cm

Logo, os lados do quadrilátero valem:

5x + 2 = 5 · 10 + 2 = 52 cm

4x = 4 · 10 = 40 cm

6x − 8 = 6 · 10 − 8 = 52 cm

7x − 10 = 7 · 10 − 10 = 60 cm

b) Calcule o valor de cada um dos ângulos do quadrilátero a seguir.

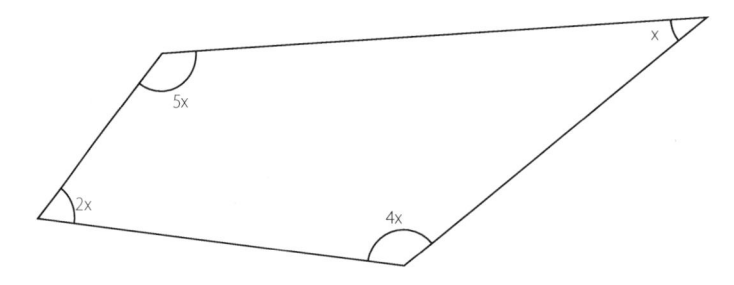

Sabemos que a soma dos ângulos internos de um quadrilátero é igual a 360°. Podemos então escrever:

5x + x + 4x + 2x = 360°

12x = 360°

$x = \dfrac{360°}{12} = 30°$

Assim, os ângulos do quadrilátero valem:

x = 30°

2x = 60°
4x = 120°
5x = 150°

7.2 Paralelogramos

Os quadriláteros que têm os lados opostos paralelos são chamados de paralelogramos. Temos quatro casos:

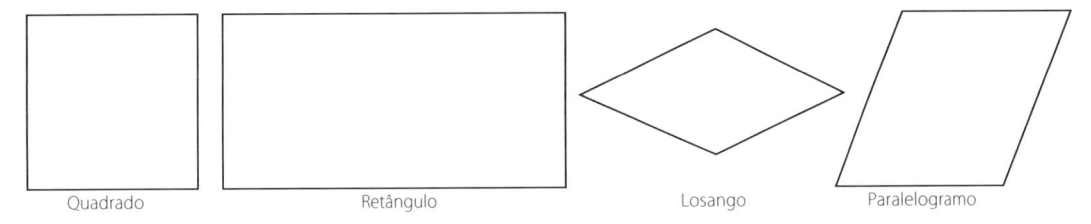

[Quadrado, Retângulo, Losango, Paralelogramo]

Esses quadriláteros apresentam algumas propriedades, a saber:

a. Os ângulos opostos são congruentes.
b. Os lados opostos são congruentes.
c. As diagonais **interceptam-se** em seus pontos médios.

É válido destacar que o quadrado é um caso particular de retângulo e também um caso particular de losango.

7.2.1 Algumas observações sobre o retângulo, o quadrado e o losango

É necessário considerar os seguintes aspectos relativos ao retângulo, ao quadrado e ao losango:

- **Retângulo**: É o paralelogramo que tem quatro ângulos congruentes e retos (90°). Além disso, suas diagonais também são congruentes (têm a mesma medida).
- **Quadrado**: Apresenta todos os lados e ângulos congruentes e retos (90°). Além disso, suas diagonais também são congruentes e dividem os ângulos dos vértices ao meio, ou seja, as diagonais são as bissetrizes dos ângulos internos do quadrado.
- **Losango**: Também têm os lados congruentes. Entretanto, somente seus ângulos opostos são congruentes. Assim como ocorre com o quadrado, as diagonais do losango são perpendiculares e são as bissetrizes dos ângulos internos. No entanto, essas diagonais não são congruentes, ou seja, têm medidas diferentes.

7.3 Trapézios

Os quadriláteros que têm apenas dois lados paralelos são chamados de *trapézios*. Os dois lados mutuamente paralelos são as bases do trapézio.

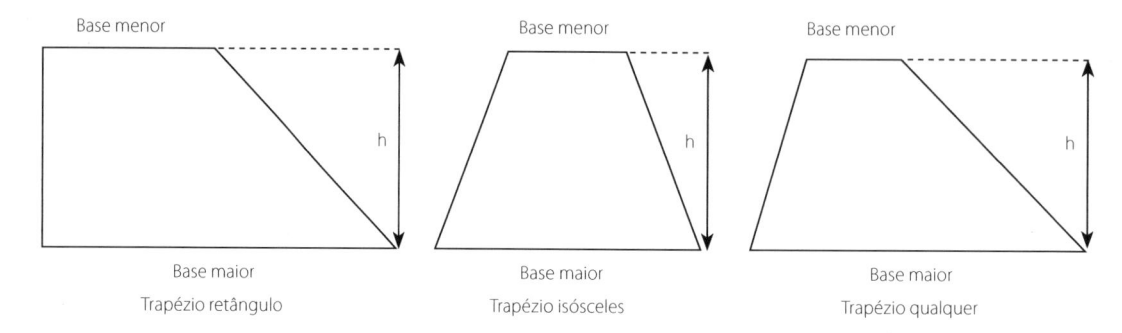

Nessas figuras, **h** representa a altura de cada trapézio.

- **Trapézio retângulo**: Um dos lados não paralelos é perpendicular às bases.
- **Trapézio isósceles**: Os lados não paralelos são congruentes. Nesse trapézio, os ângulos da mesma base são congruentes, assim como suas diagonais.
- **Trapézio qualquer**: Os lados não paralelos não são congruentes e também não são perpendiculares às bases.

7.4 Polígonos

Antes de definirmos **polígono**, precisamos saber o que é uma **linha poligonal simples**. Uma linha poligonal simples nada mais é que uma sucessão de segmentos consecutivos (dois segmentos da sucessão se interceptam somente em suas extremidades, isto é, não pode haver cruzamento de segmentos da sucessão) de reta, que pode ser aberta ou fechada. Segmentos consecutivos têm somente uma das extremidades em comum e não estão contidos em uma mesma reta; além disso, a interseção de quaisquer dois segmentos não consecutivos é vazia. Veja os modelos a seguir.

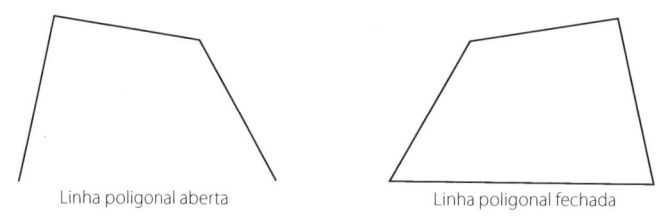

Um polígono é uma linha poligonal fechada. Polígonos são figuras geométricas planas que têm **n** lados (sendo **n** um número inteiro maior do que 2). Portanto, o polígono com o menor número de lados é o triângulo (n = 3).

Os polígonos são ditos *convexos* quando todos os seus ângulos internos são menores do que 180° e são ditos *côncavos* quando ao menos um de seus ângulos internos é maior do que 180°. Veja os modelos a seguir.

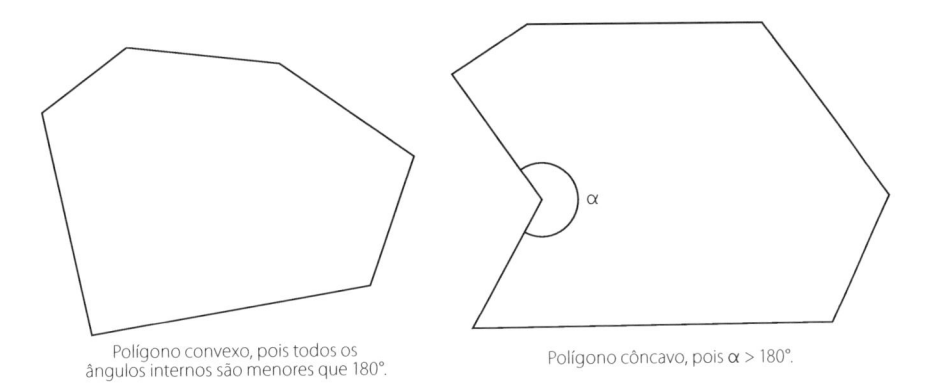

Polígono convexo, pois todos os ângulos internos são menores que 180°.

Polígono côncavo, pois α > 180°.

O **perímetro** de qualquer polígono é obtido simplesmente pela soma das medidas de seus lados. Como mencionamos anteriormente, o perímetro é representado por **2p**. Assim, **p** é o semiperímetro de qualquer polígono.

Os polígonos convexos que têm todos os ângulos internos congruentes (ou seja, todos os ângulos têm a mesma medida) e também todos os lados congruentes são ditos *polígonos regulares* ou *polígonos inscritos* (inscritos porque todos os seus vértices ficam sobre a mesma circunferência). É importante saber que nem todo polígono inscrito ou inscritível é regular.

Veja a seguir alguns exemplos de polígonos regulares.

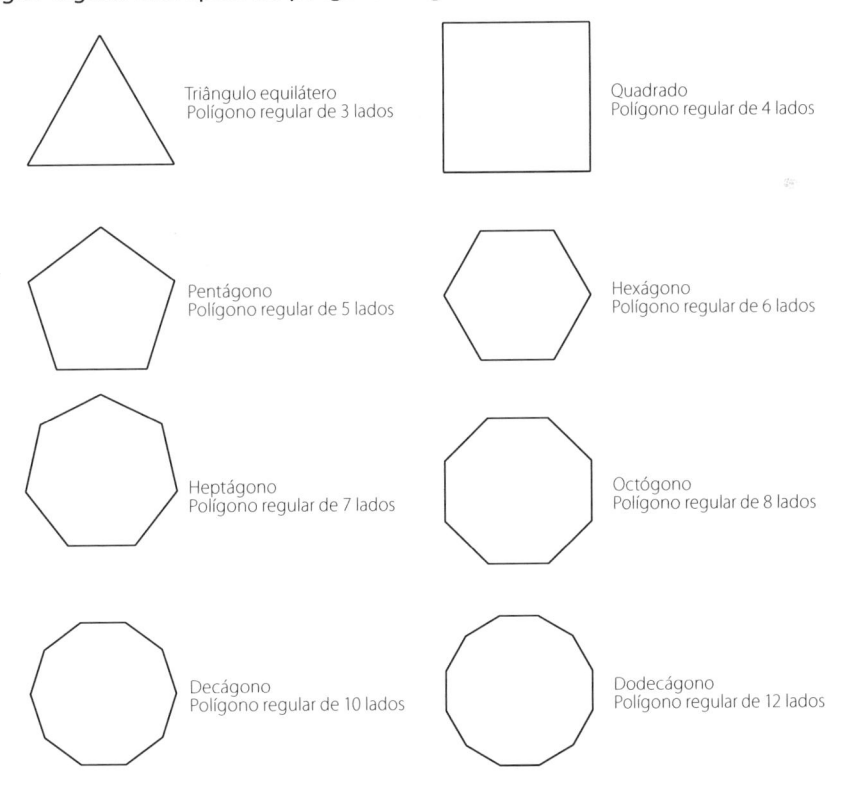

Triângulo equilátero
Polígono regular de 3 lados

Quadrado
Polígono regular de 4 lados

Pentágono
Polígono regular de 5 lados

Hexágono
Polígono regular de 6 lados

Heptágono
Polígono regular de 7 lados

Octógono
Polígono regular de 8 lados

Decágono
Polígono regular de 10 lados

Dodecágono
Polígono regular de 12 lados

Veja a seguir as ilustrações de um polígono côncavo e de um polígono convexo. Observe que, em um polígono convexo, sempre podemos unir dois pontos quaisquer da região interna do polígono por um segmento que está totalmente contido na região interna do próprio polígono. No polígono côncavo, essa situação nem sempre é verdadeira. Temos nos desenhos a seguir um exemplo de segmento que não está totalmente contido na região interna do polígono.

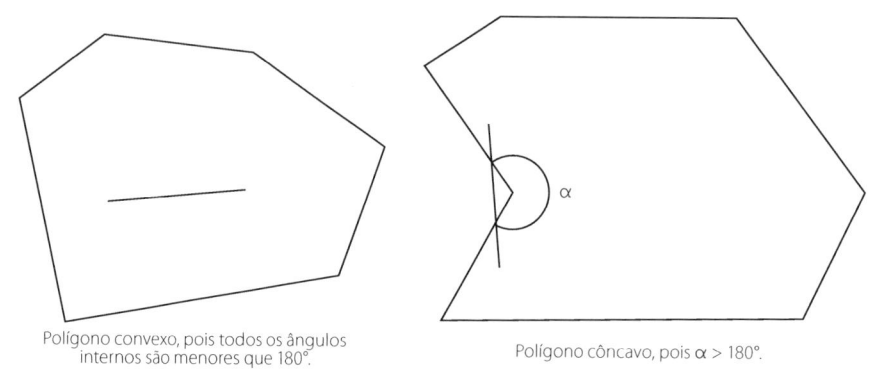

Polígono convexo, pois todos os ângulos internos são menores que 180°.

Polígono côncavo, pois α > 180°.

7.4.1 Elementos de um polígono regular

Suponhamos uma circunferência que contenha todos os vértices de um polígono. Dizemos que essa circunferência é *circunscrita ao polígono*. Dizemos, então, que o polígono está inscrito na circunferência.

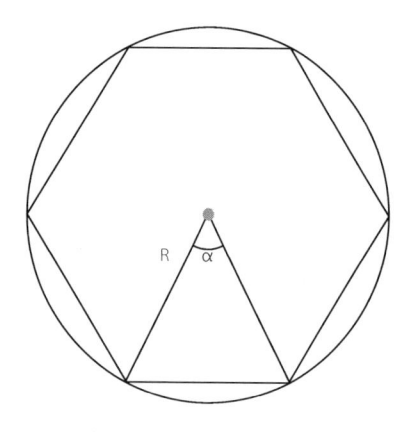

- **R** é o raio do polígono (raio da circunferência circunscrita).
- **α** é o ângulo central do polígono.
- Para calcular o ângulo central, basta dividir 360° pelo número de lados do polígono. Assim:

$$\alpha = \frac{360°}{n}$$

- **n** é o número de lados (é também o número de ângulos).

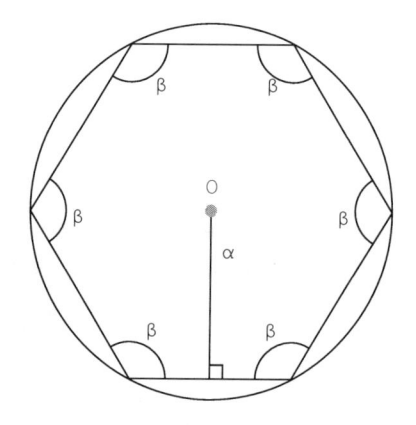

- **α** é o apótema do polígono (raio da circunferência inscrita).
- **β** são os ângulos internos do polígono.
- **O** é o centro comum das circunferências inscrita e circunscrita.

A soma dos ângulos internos de qualquer polígono regular é calculada pela seguinte fórmula:

$$S = (n - 2) \cdot 180°$$

Portanto, para calcularmos a medida do ângulo β, basta dividirmos a soma dos ângulos internos pelo número de lados do polígono:

$$\beta = \frac{(n-2) \cdot 180°}{n}$$

Vamos agora definir o **apótema**. O que é isso?

O apótema de um polígono regular é o segmento de reta que parte do centro geométrico do polígono e é perpendicular a um de seus lados. Observe a última figura que fornecemos anteriormente.

O apótema de um polígono regular é, portanto, a mínima distância entre o centro da figura e um dos seus lados.

Em função do raio **R** do polígono (raio da circunferência circunscrita), temos as seguintes relações métricas de alguns polígonos regulares:

Quadro 7.1 – Lado e apótema de alguns polígonos em função do raio (R)

Lado	Apótema
$\ell_3 = R\sqrt{3}$	$a_3 = \frac{R}{2}$
$\ell_4 = R\sqrt{2}$	$a_4 = \frac{R}{2}\sqrt{2}$
$\ell_5 = \frac{R}{2}\sqrt{10 - 2\sqrt{5}}$	$a_5 = \frac{R}{4}(\sqrt{5} + 1)$
$\ell_6 = R$	$a_6 = \frac{R}{2}\sqrt{3}$
$\ell_8 = R\sqrt{2 - \sqrt{2}}$	$a_8 = \frac{R}{2}\sqrt{2 + \sqrt{2}}$
$\ell_{10} = \frac{R}{2}(\sqrt{5} - 1)$	$a_{10} = \frac{R}{4}\sqrt{10 + 2\sqrt{5}}$

Em que:

ℓ_n = lado do polígono de **n** lados

a_n = apótema do polígono de **n** lados

Suponhamos agora que todos os lados de um polígono sejam tangentes a uma circunferência. Nesse caso, dizemos que o polígono está circunscrito à circunferência. Por exemplo, na figura a seguir temos um quadrado circunscrito a uma circunferência.

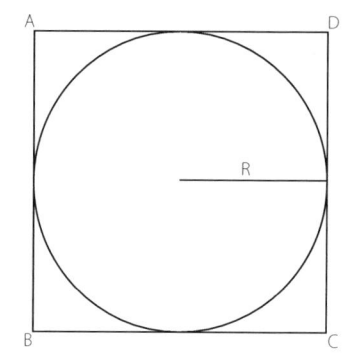

Observe que os polígonos regulares são sempre tanto inscritíveis quanto circunscritíveis.

7.4.2 Teoremas para os quadriláteros inscritíveis e circunscritíveis

Primeiramente, é importante saber que o quadrado, o retângulo e o trapézio isósceles são sempre inscritíveis, enquanto o losango, um paralelogramo qualquer e o trapézio escaleno não são inscritíveis.

Vejamos o **teorema de Pitot**[1]:

Em todo quadrilátero circunscrito, a soma de dois lados opostos é igual à soma dos outros dois lados.

Na figura anterior, temos que:

$$\overline{AD} + \overline{BC} = \overline{AB} + \overline{CD}$$

Teorema geral: Em todo quadrilátero convexo inscrito, os ângulos opostos são suplementares.

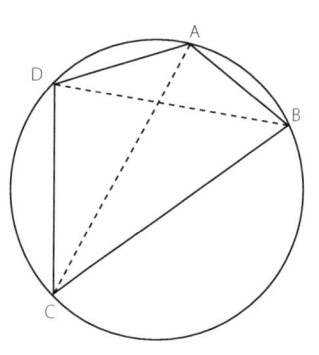

Temos então que:

$$\hat{A} + \hat{C} = 180°$$

---

1   Henri Pitot (1695–1771) foi um engenheiro francês, especialista em hidráulica, profundo conhecedor de matemática, física e astronomia (Moyer; Ayres Júnior, 2009).

$$\hat{B} + \hat{D} = 180°$$

Teorema recíproco: Todo quadrilátero convexo cujos ângulos opostos são suplementares é inscritível.

Teorema de Hiparco[2]: Em todo quadrilátero inscrito, o produto das diagonais é igual à soma dos produtos dos lados opostos.

No desenho anterior, temos:

$$\overline{AC} \cdot \overline{BD} = \overline{AB} \cdot \overline{CD} + \overline{BC} \cdot \overline{AD}$$

Importante!

a. A interseção das alturas de um triângulo chama-se *ortocentro*.
b. A interseção das medianas de um triângulo chama-se *baricentro*.
c. A interseção das bissetrizes internas de um triângulo chama-se *incentro*.
d. A interseção das mediatrizes de um triângulo chama-se *circuncentro*.

7.4.3 Diagonal de um polígono

A diagonal de um polígono é o segmento de reta que une dois vértices não consecutivos desse polígono. Por exemplo, em um retângulo temos duas diagonais.

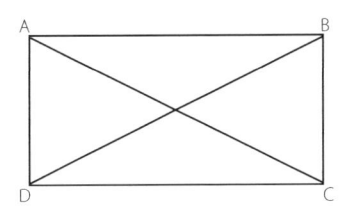

Na figura anterior, temos o retângulo ABCD e as diagonais $\overline{AC}$ e $\overline{BD}$.

O número de diagonais de um polígono é dado pela seguinte fórmula:

$$d = \frac{n(n-3)}{2}$$

---

2 Hiparco (190 a.C.–120 a.C.) é considerado o fundador da astronomia científica e o pai da trigonometria (Moyer; Ayres Júnior, 2009).

Geometria plana e trigonometria

Em que:

d = número de diagonais

n = número de vértices do polígono

E quantas diagonais podemos traçar a partir de um vértice?

A resposta é (n − 3) diagonais. Por essa razão, o triângulo não tem diagonais, uma vez que nos triângulos n = 3 e n − 3 = 0.

7.5 Áreas de figuras geométricas

Já sabemos que polígonos são figuras geométricas. Precisamos agora aprender a calcular a área de algumas dessas figuras.

7.5.1 Área de um quadrado

Você consegue imaginar qual é a área compreendida em um quadrado de 1 m²?

É simplesmente a área que está no interior de um quadrado cujos lados são iguais a 1 m. Veja:

Suponha agora que tenhamos um quadrado de 3 m de lado.

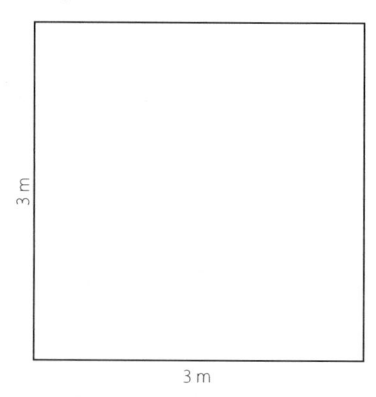

Quantos metros quadrados cabem dentro desse quadrado? Vamos verificar?

Note que em um quadrado de 3 m de lado cabem 9 m². Logo, essa é a sua área.

Poderíamos ter chegado a esse resultado simplesmente multiplicando um lado pelo outro:

A = 3 m · 3 m = 9 m²

Como os lados de um quadrado são iguais, a sua área é obtida elevando-se o seu lado ao quadrado:

$$A = \ell \cdot \ell = \ell^2$$

7.5.2 Área de um retângulo

Imagine que você tem um retângulo de 2 m de largura por 4 m de comprimento.

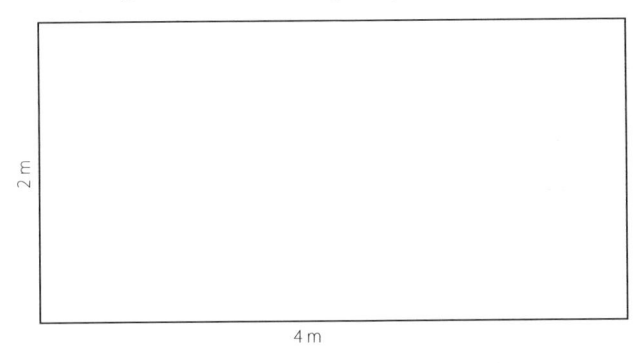

Você saberia dizer quantos metros quadrados cabem dentro desse retângulo? Vamos verificar?

Note que em um retângulo de 2 m de largura por 4 m de comprimento cabem 8 m², ou seja, a sua área é equivalente a 8 m².

Poderíamos ter chegado a esse mesmo resultado simplesmente multiplicando um lado pelo outro:

A = 2 m · 4 m = 8 m²

É possível mostrar que, em geral, a fórmula para calcular a área de um retângulo qualquer é dada por:

$$A = \ell_1 \cdot \ell_2$$

Geometria plana e trigonometria

Em que:

ℓ_1 e ℓ_2 = medidas dos lados do retângulo.

Exemplo:

Imagine uma caixa de papelão que tenha 15 cm de comprimento, 7 cm de largura e 10 cm de altura, conforme a figura a seguir. Calcule a quantidade de papelão que foi utilizada para fazer essa caixa.

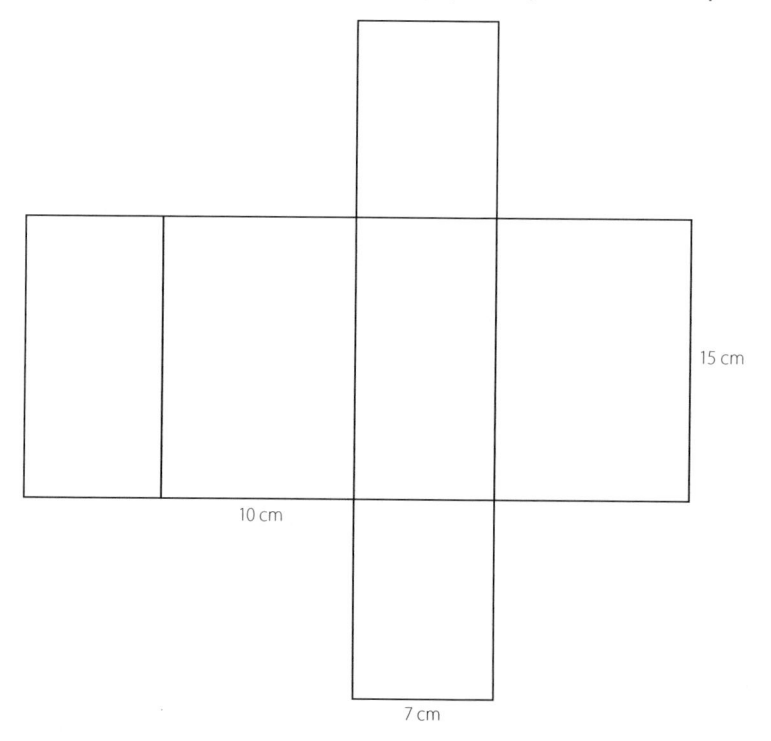

Note que, para calcularmos a quantidade de papelão gasta para fazer a caixa, temos de calcular a área de um retângulo de 34 cm por 15 cm e somar com a área de um retângulo de 14 cm por 10 cm.

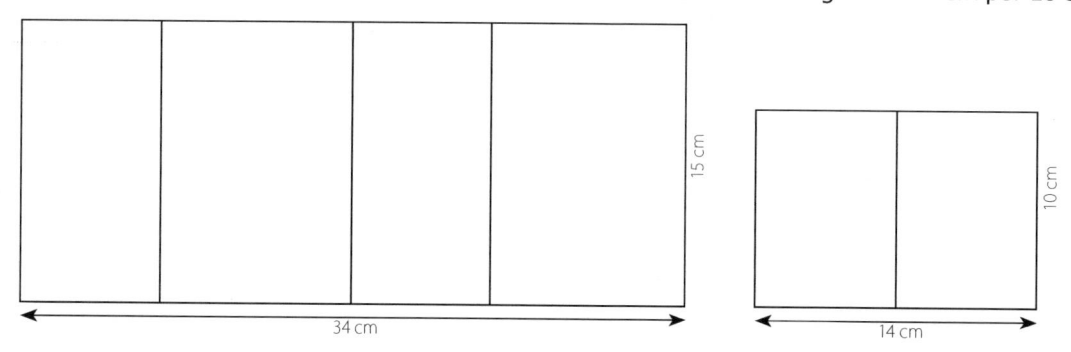

Assim:

A = 34 cm · 15 cm + 14 cm · 10 cm

A = 510 cm² + 140 cm² = 650 cm²

Portanto, para fazer a caixa, foi gasta a quantidade de 650 cm² de papelão.

Importante!

Note que a unidade de medida de área sempre será uma unidade de comprimento elevada ao quadrado.

7.5.3 Área de um triângulo

Observe atentamente as figuras a seguir.

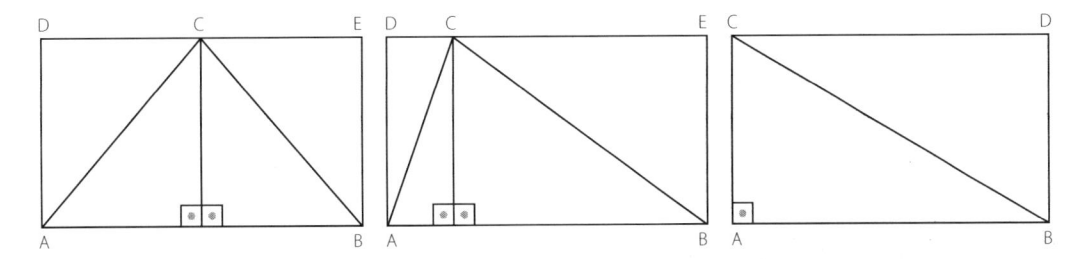

Você consegue perceber que a área de cada triângulo ABC é equivalente à metade da área dos correspondentes retângulos? Isso significa que podemos calcular a área de um triângulo multiplicando a sua base pela sua altura (que seria a área do retângulo) e dividindo o resultado por dois. Podemos então escrever a área de um triângulo da seguinte forma:

$$A = \frac{b \cdot h}{2}$$

Em que:

b = base do triângulo

h = altura do triângulo

Desafio:

Mostre que a área de um triângulo equilátero é $A = \dfrac{\ell^2 \sqrt{3}}{4}$

Raciocínio da resolução:

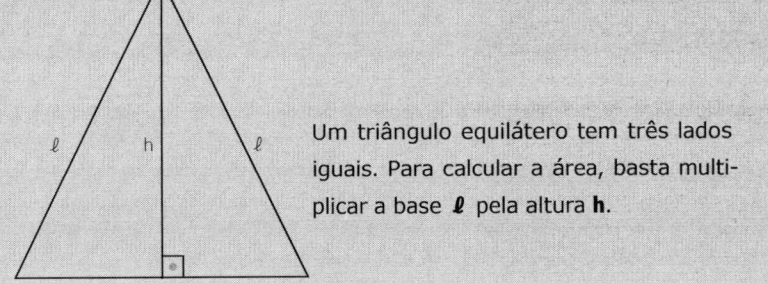

Um triângulo equilátero tem três lados iguais. Para calcular a área, basta multiplicar a base ℓ pela altura **h**.

Geometria plana e trigonometria

Dividimos o triângulo equilátero em dois triângulos retângulos, em que:

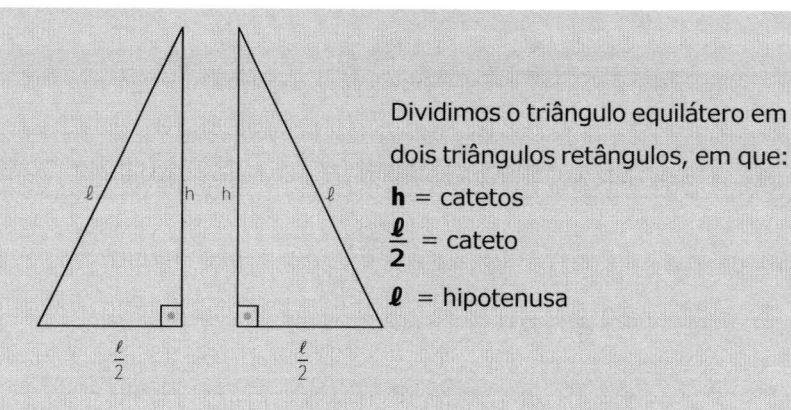

h = catetos

$\dfrac{\ell}{2}$ = cateto

ℓ = hipotenusa

Vamos aplicar o teorema de Pitágoras para deixar a altura **h** em função do lado ℓ.

$$\ell^2 = h^2 + \left(\dfrac{\ell}{2}\right)^2$$

$$\ell^2 = h^2 + \dfrac{\ell^2}{4}$$

$$\ell^2 - \dfrac{\ell^2}{4} = h^2$$

$$h^2 = \dfrac{4\ell^2 - \ell^2}{4}$$

$$h^2 = \dfrac{3\ell^2}{4}$$

$$h = \sqrt{\dfrac{3\ell^2}{4}}$$

$$h = \dfrac{\ell}{2}\sqrt{3}$$

Agora já sabemos que a altura do nosso triângulo equilátero é igual a:

$$h = \dfrac{\ell}{2}\sqrt{3}$$

Como a área de qualquer triângulo é calculada multiplicando-se a base pela altura, obtemos:

$$A = \dfrac{b \cdot h}{2}$$

$$A = \dfrac{\ell \cdot \dfrac{\ell}{2}\sqrt{3}}{2}$$

$$A = \dfrac{\ell^2 \cdot \sqrt{3}}{4}$$

7.5.3.1 Fórmula de Heron para calcular a área de um triângulo qualquer

Vamos considerar o triângulo a seguir.

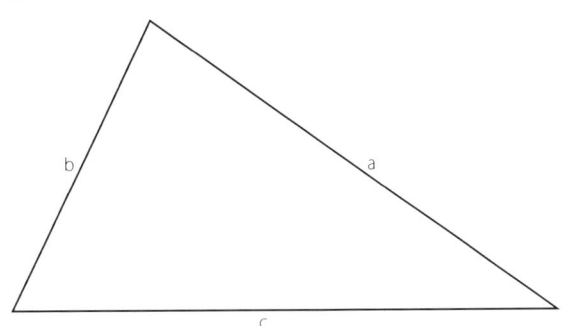

O semiperímetro desse triângulo é:

$$p = \frac{a+b+c}{2}$$

A fórmula de Heron[3] é uma alternativa para calcular a área de um triângulo qualquer sem depender da altura deste:

$$A = \sqrt{p \cdot (p-a) \cdot (p-b) \cdot (p-c)}$$

Exemplo:

Em um triângulo isósceles, cada lado congruente mede 40 cm e a base 48 cm. Calcule a área desse triângulo.

Temos duas possibilidades para calcular a área do triângulo:

1. Calcular a altura e, em seguida, multiplicar pela base e dividir por dois.
2. Utilizar a fórmula de Heron.

Vamos resolver pelos dois métodos.

Pelo primeiro método, temos de calcular a medida **h** que está representada no triângulo a seguir.

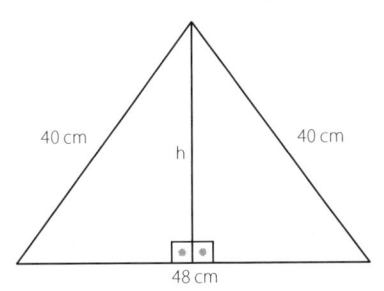

---

3 Heron de Alexandria (10 d.C. – 70 d.C.), geômetro e engenheiro grego.

Vamos utilizar o teorema de Pitágoras:

$h^2 = 40^2 - 24^2$

$h^2 = 1\,024$

$h = \sqrt{1\,024} = 32$

Multiplicando a altura pelo valor da base e dividindo por dois, obtemos o valor da área do triângulo:

$A = \dfrac{b \cdot h}{2}$

$A = \dfrac{48 \cdot 32}{2} = 768 \text{ cm}^2$

Pelo segundo método, temos de calcular o semiperímetro do triângulo:

$p = \dfrac{(40 + 40 + 48)}{2} = 64$

Em seguida, aplicamos a fórmula de Heron:

$A = \sqrt{p \cdot (p - a) \cdot (p - b) \cdot (p - c)}$

$A = \sqrt{64 \cdot (64 - 40) \cdot (64 - 40) \cdot (64 - 48)}$

$A = \sqrt{64 \cdot 24 \cdot 24 \cdot 16}$

$A = \sqrt{589824} = 768 \text{ cm}^2$

7.5.4 Área de um paralelogramo

A figura a seguir é um paralelogramo de base **b** e altura **h**.

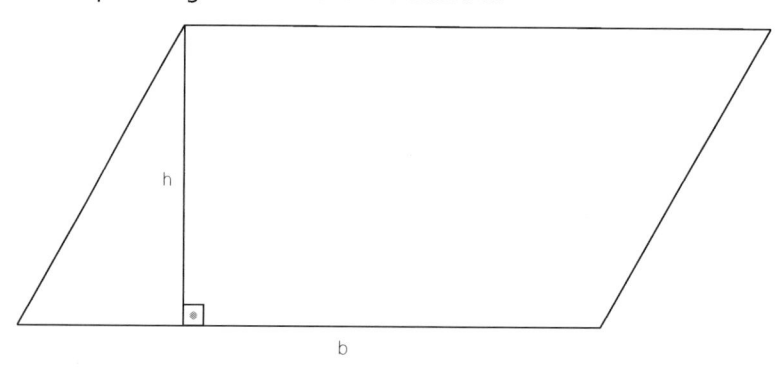

Vamos recortar a figura exatamente onde está marcado o ângulo reto. Note que podemos unir a figura no lado oposto.

Capítulo 7 • Quadriláteros e áreas de figuras geométricas

Unindo as figuras, obtemos um retângulo de lados **b** e **h**.

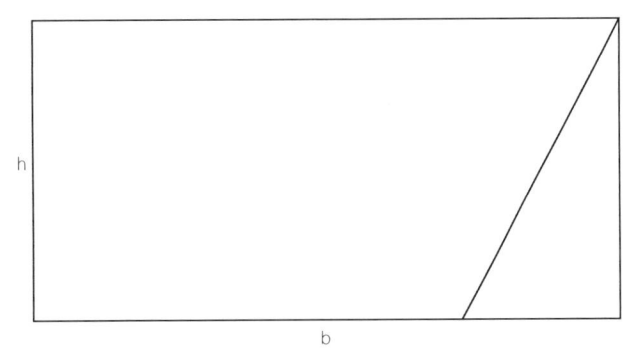

Ou seja, a área de um paralelogramo de lado **b** e altura **h** é equivalente à área de um retângulo de lados **b** e **h**. Portanto:

$$A = b \cdot h$$

Exemplo:

Dado o paralelogramo a seguir, calcule a sua área.

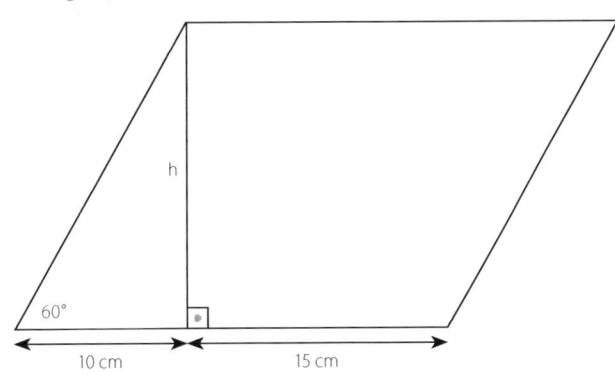

Para calcular a área de um paralelogramo, temos de conhecer a medida da base do paralelogramo e a sua altura. Para isso, vamos utilizar a razão trigonométrica tangente:

$$\text{tg } 60° = \frac{\text{cateto oposto}}{\text{cateto adjacente}} = \frac{h}{10}$$

Geometria plana e trigonometria

$$1{,}732 = \frac{h}{10}$$

$h = 1{,}732 \cdot 10 = 17{,}32 \text{ cm}$

Sabemos que a base do paralelogramo é igual a 25 cm. Portanto, a sua área é:

$A = b \cdot h$
$A = 25 \text{ cm} \cdot 17{,}32 \text{ cm}$
$A = 433 \text{ cm}^2$

7.5.5 Área de um losango

A figura a seguir é um losango cuja diagonal maior vale **D** e a diagonal menor vale **d**.

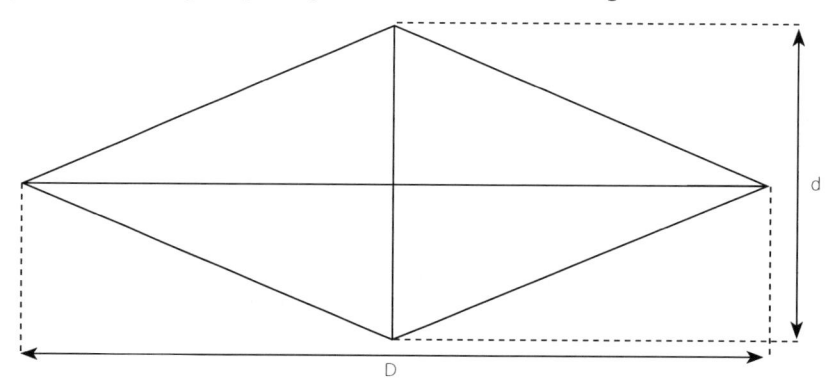

Note que a área do losango é equivalente à metade da área de um retângulo de lados **D** e **d**, ou seja, a área do losango é igual ao produto da diagonal maior pela diagonal menor dividido por dois.

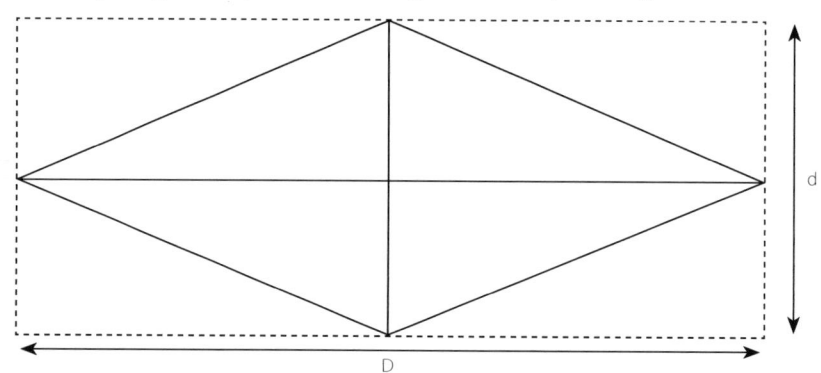

Assim, podemos escrever:

$$A = \frac{D \cdot d}{2}$$

Exemplo:

Para fazer uma pipa na forma de losango, Juca dispõe de duas varetas com as seguintes medidas: 70 cm e 50 cm. Qual é a quantidade de papel de seda que ele irá utilizar?

Para saber a quantidade de papel que será utilizada por Juca, basta calcular a área do losango, que é dada pela metade do produto das diagonais do losango (no caso, a medida das varetas).

$$A = \frac{D \cdot d}{2}$$

$$A = \frac{70 \text{ cm} \cdot 50 \text{ cm}}{2}$$

$$A = 1\,750 \text{ cm}^2$$

Ou seja, Juca utilizará 1 750 cm² para cobrir sua pipa.

7.5.6 Área de um trapézio

As figuras a seguir são trapézios. A da esquerda é um trapézio isósceles e a da direita, um trapézio retângulo. Em ambas, a base maior vale **B**, a base menor vale **b** e a altura vale **h**.

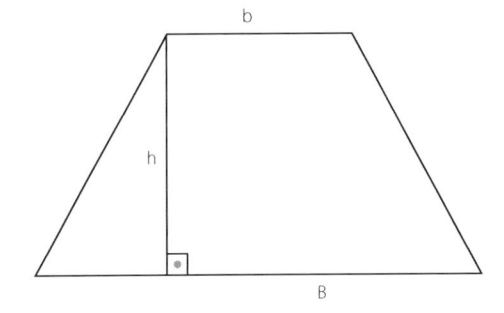

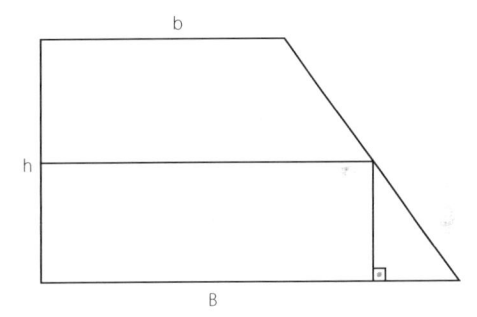

Vamos imaginar um recorte das figuras de forma que a parte recortada, quando unida com a parte restante, forme um retângulo.

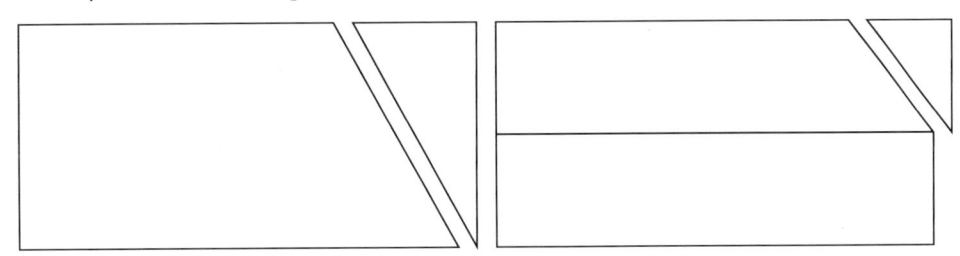

Em ambos os casos, unindo as figuras, obtemos um retângulo de lados $\frac{B+b}{2}$ e **h**.

Geometria plana e trigonometria

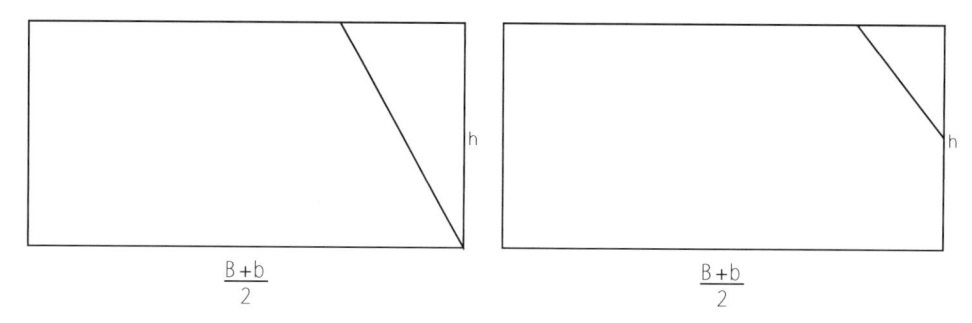

Note que $\frac{B+b}{2}$ é a base média do trapézio, ou seja, uma média entre a base maior e a base menor. Assim, podemos generalizar essa ideia, afirmando que a área do trapézio é calculada pelo produto da base média pela altura do trapézio. Em linguagem matemática, temos:

$$A = \frac{(B+b)h}{2}$$

Exemplo:

Um trapézio retângulo tem altura igual a 10 cm, base maior igual a 20 cm e base menor igual a 12 cm. Calcule a sua área e a medida do lado do trapézio que não está sendo dada neste enunciado.

Vamos desenhar um trapézio retângulo, indicando as informações que estão no enunciado:

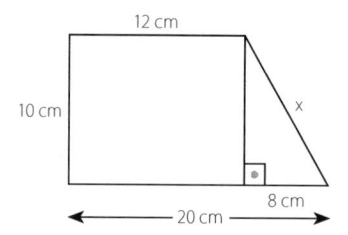

Para calcular o valor da área, vamos aplicar diretamente a fórmula:

$$A = \frac{(B+b)h}{2}$$

$$A = \frac{(20+12) \cdot 10}{2}$$

$$A = \frac{32 \cdot 10}{2} = 160 \text{ cm}^2$$

Para calcular o valor de **x**, vamos aplicar o teorema de Pitágoras:

$x^2 = 10^2 + 8^2$
$x^2 = 100 + 64 = 164$
$x = \sqrt{164} = 12{,}81$ cm

7.5.7 Área de um polígono regular

A figura a seguir é um hexágono regular.

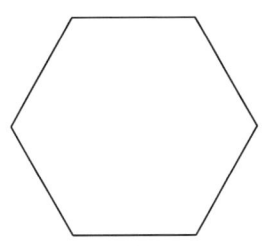

Ao ligar o centro desse hexágono aos vértices, obtemos seis triângulos (no caso específico do hexágono, os triângulos são equiláteros; para os demais polígonos, os triângulos são isósceles).

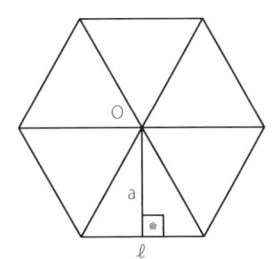

A menor distância do centro de um polígono regular até um de seus lados é chamado de apótema (a).
A maior distância do centro de um polígono regular até um de seus lados é chamado de raio (R).

Note que o apótema também é a altura de cada triângulo e o raio coincide com o lado de cada triângulo.

Para calcular a área de um polígono, basta calcular a área de um dos triângulos e multiplicar pelo número total de triângulos que compõem o polígono.

Já sabemos que a área de um triângulo é dada pela multiplicação da base pela altura. No desenho anterior, a base vale ℓ e a altura vale **a**. Assim:

$$A = \frac{\ell \cdot a}{2}$$

No caso do hexágono, a sua área é equivalente à área de seis triângulos: a base ℓ e altura **a**. Portanto, a sua área é:

$$A = 6 \cdot \frac{\ell \cdot a}{2}$$

Generalizando o resultado para um polígono de **n** lados, obtemos a seguinte fórmula:

$$A = n \cdot \frac{\ell \cdot a}{2}$$

Note que $\frac{n \cdot \ell}{2}$ é o semiperímetro (p) do polígono. Então, podemos ainda escrever que a área de um polígono é igual a: $A = p \cdot a$

Exemplo:

Um pentágono regular tem lado igual a 20 cm e raio igual a 17,01 cm. Calcule a área desse pentágono.

Vamos desenhar um pentágono com as informações fornecidas pelo enunciado.

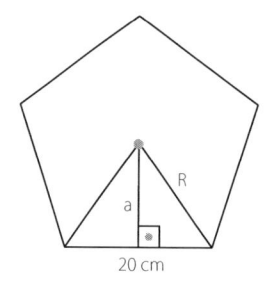

Agora vamos calcular o apótema do pentágono:

$$R^2 = a^2 + \left(\frac{\ell}{2}\right)^2$$

$17,01^2 = a^2 + 10^2$

$289,34 = a^2 + 100$

$289,34 - 100 = a^2$

$189,34 = a^2$

$a = \sqrt{189,34} = 13,76$ cm

Podemos agora aplicar a fórmula que permite calcular a área de qualquer polígono regular:

$$A = n \cdot \frac{\ell \cdot a}{2}$$

$$A = 5 \cdot \frac{20 \cdot 13,76}{2} = 688 \text{ cm}^2$$

7.5.8 Área de um círculo e perímetro de uma circunferência

Realize esta experiência para obtenção do número **pi** (π):

1. Pegue um objeto qualquer que tenha a forma de um círculo.
2. Com uma fita métrica meça o seu perímetro.
3. Em seguida, meça o seu diâmetro.
4. Agora divida a medida do perímetro pela medida do diâmetro.

Qual é o valor que você obtém?

Qualquer que seja o objeto circular que você tenha utilizado, a divisão deve ter resultado em um número próximo a **3,14**.

Quanto mais preciso for o instrumento de medida que você utilizar, maior será o número de casas decimais que você poderá considerar em seu resultado.

Esta é a origem do número pi (π): qualquer que fosse o raio do círculo, a constância da divisão do perímetro pelo diâmetro era observada e resultava em um número muito próximo de 3,14. Por isso, os gregos resolveram chamar esse número de *pi* (π).

Consideremos agora dois círculos com o mesmo raio:

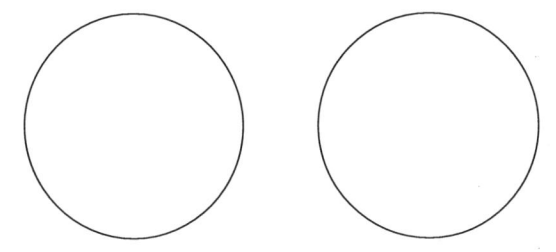

No primeiro deles vamos desenhar um hexágono circunscrito e, no segundo, um hexágono inscrito:

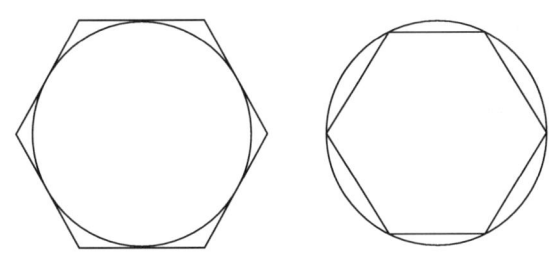

Você concorda que o perímetro dos círculos (que são iguais) é uma medida que está entre o perímetro do hexágono circunscrito e a medida do hexágono inscrito?

Foi essa ideia (chamada de *método da exaustão*) que Arquimedes, utilizando um polígono de 96 lados, há mais de 200 anos antes de Cristo, aplicou para calcular o perímetro de uma circunferência e chegar ao seguinte resultado para o número π:

$$3,1410 < \pi < 3,1428$$

Ou seja, naquela época, Arquimedes já sabia que o número pi estava entre 3,1410 e 3,1428.

Hoje, sabemos que o número pi é um número irracional. Para cálculos de engenharia, é suficiente considerar o número pi com cinco casas decimais.

As experiências que acabamos de apresentar servem para deduzirmos a fórmula para calcular o perímetro de uma circunferência:

$$\frac{C}{D} = \pi$$

Em que:
C = perímetro da circunferência.
D = diâmetro da circunferência (note que o diâmetro é o dobro do raio; logo, $D = 2R$).

Geometria plana e trigonometria

$$\frac{C}{2R} = \pi$$

Assim:

$$C = 2\pi R$$

Essa é a fórmula que permite calcular o perímetro de uma circunferência.

Para calcular a área de um círculo, podemos também utilizar o método da exaustão de Arquimedes. Observe as figuras a seguir.

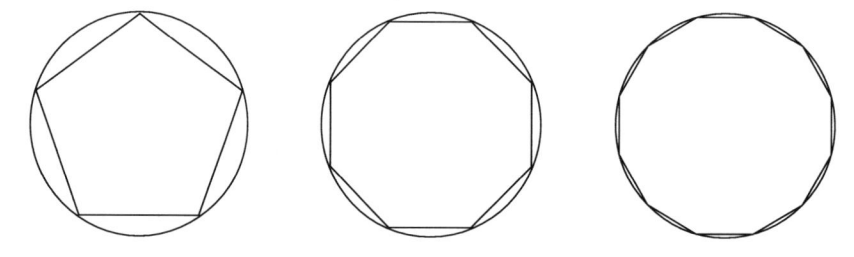

Logicamente, a área do círculo está mais próxima da área do octógono do que da área do pentágono. Da mesma forma, a área do círculo está mais próxima da área do dodecágono do que da área do octógono. Podemos afirmar que, quanto maior for o número de lados do polígono, mais próximos estaremos da área exata do círculo. Ou seja, quando **n** tende a infinito (ou equivalentemente ℓ tende a zero) na fórmula a seguir, a área tende para a área de um círculo.

$$A = n \cdot \frac{\ell \cdot a}{2}$$

Podemos ainda pensar na outra fórmula que permite calcular a área de um polígono:

$$A = p \cdot a$$

Quando **n** tende a infinito (ou ℓ tende a zero), o perímetro do polígono tende ao de uma circunferência (que é dado por $C = 2\pi \cdot R$).

Assim, o semiperímetro do polígono tende ao valor $\pi \cdot R$.

A medida do apótema do polígono tende à medida do raio.

Logo, a área do círculo pode ser calculada por:

$$A = \pi R \cdot R$$

→ apótema
→ semiperímetro

Que é o mesmo que:

$$A = \pi R^2$$

Exemplo:

Pedro deseja plantar grama em uma área equivalente à que está desenhada a seguir. Quantos metros quadrados de grama ele precisará comprar?

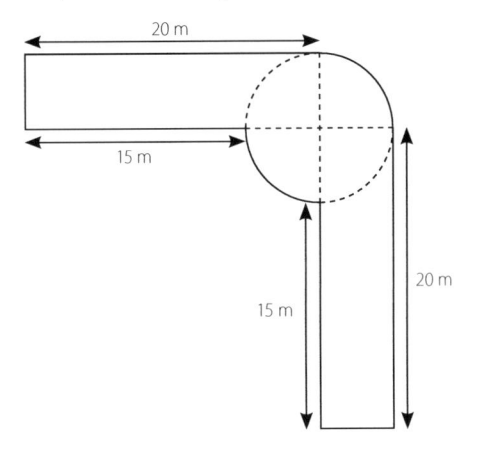

Note que a área a ser coberta com grama corresponde à área de um semicírculo de raio R = 5 m somada com a área de dois retângulos de lados 20 m e 5 m. Assim:

$$A = \frac{\pi \cdot 5^2}{2} + 2 \cdot 20 \cdot 5$$

$$A = 39{,}27 + 200$$

$$A = 239{,}27 \text{ m}^2$$

Portanto, Pedro precisa comprar 239,27 m² de grama.

7.5.9 Área de um setor circular

Agora que você estudou a área de um círculo, imagine que esse círculo seja uma *pizza*. Suponha, na sequência, que você tenha cortado uma fatia de *pizza*, a partir do seu centro. Essa fatia é o **setor circular**. Assim, definimos um setor circular como a parte de um círculo limitada por dois raios e pelo arco compreendido entre eles. Veja a figura a seguir.

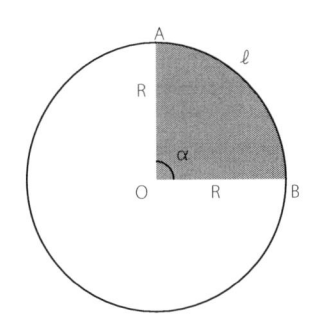

Geometria plana e trigonometria

Observe que, no círculo de raio R e centro O, temos uma fatia limitada por dois raios R e pelo arco $\widehat{AB}$. Essa fatia é o setor circular. Verifique que $\widehat{AB} = \ell$.

Como calcular a área de setor circular?

$$A = \frac{\ell \cdot R}{2}$$

$$A = \frac{R^2 \cdot \alpha}{2}$$

$$A = \frac{\pi R^2}{360°} \cdot n° \quad \text{(quando } \alpha \text{ for dado em graus)}$$

7.5.10 Área de uma coroa circular

Agora, imagine que a partir de um mesmo ponto O você irá traçar duas circunferências de raios diferentes, como na figura a seguir. Vamos chamar de **R** o raio da circunferência maior, ou seja, a circunferência externa. Vamos chamar de **r** o raio da circunferência menor, ou seja, a circunferência interna. Essa região limitada pelos dois círculos é chamada de *coroa circular*.

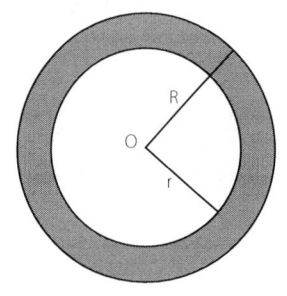

A área da coroa circular é igual à área do círculo maior (o círculo externo), menos a área do círculo menor (o círculo interno). Então:

$$A = \pi (R^2 - r^2)$$

Síntese

Neste capítulo, vimos que os polígonos que têm quatro lados são chamados de *quadriláteros*. Algebricamente, podemos calcular a soma dos ângulos internos de qualquer polígono utilizando a fórmula $S = (n - 2) \cdot 180°$. Os quadriláteros que têm os lados opostos paralelos são chamados de *paralelogramos*: o quadrado, o retângulo, o losango e o paralelogramo. Os quadriláteros que têm apenas dois lados paralelos são chamados de *trapézios*. Polígonos são figuras geométricas planas que têm **n** lados (sendo **n** um número inteiro maior do que 2). Vimos também, neste capítulo, como calcular a área de algumas figuras geométricas.

Questões para revisão

1. Calcule o valor de cada um dos lados de um quadrilátero que tem perímetro igual a 202 cm e as seguintes medidas laterais:

    $\ell_1 = 6x - 6$
    $\ell_2 = 7x + 6$
    $\ell_3 = 10x + 4$
    $\ell_4 = 8x + 12$

    a) $\ell_1 = 20$ cm; $\ell_2 = 44$ cm; $\ell_3 = 61$ cm; $\ell_4 = 50$ cm
    b) $\ell_1 = 30$ cm; $\ell_2 = 48$ cm; $\ell_3 = 64$ cm; $\ell_4 = 60$ cm
    c) $\ell_1 = 10$ cm; $\ell_2 = 35$ cm; $\ell_3 = 25$ cm; $\ell_4 = 54$ cm
    d) $\ell_1 = 25$ cm; $\ell_2 = 51$ cm; $\ell_3 = 55$ cm; $\ell_4 = 24$ cm

2. Em um quadrilátero, as medidas dos ângulos são expressas em graus por x + 25°, 3x, x + 20° e 2x + 35°. Calcule a medida de cada um dos ângulos.

    a) 45°, 140°, 50° e 125°
    b) 60°, 100°, 60° e 140°
    c) 55°, 110°, 80° e 95°
    d) 65°, 120°, 60° e 115°

3. Marque V para as afirmativas verdadeiras e F para as falsas.

    ( ) O retângulo é um paralelogramo que tem quatro ângulos retos e cujas diagonais são congruentes.
    ( ) O losango é um paralelogramo que tem quatro ângulos congruentes.
    ( ) O losango tem diagonais congruentes.
    ( ) As diagonais do quadrado são congruentes e perpendiculares.
    ( ) O retângulo tem diagonais perpendiculares entre si.
    ( ) O losango tem diagonais perpendiculares entre si.

4. A área de um terreno retangular é igual a 1 500 m². Sabendo que as dimensões do terreno podem ser expressas por x e x − 20, calcule o perímetro dele.

    a) 160 m
    b) 170 m
    c) 180 m
    d) 190 m

Geometria plana e trigonometria

5. Calcule a área do triângulo retângulo representado a seguir.

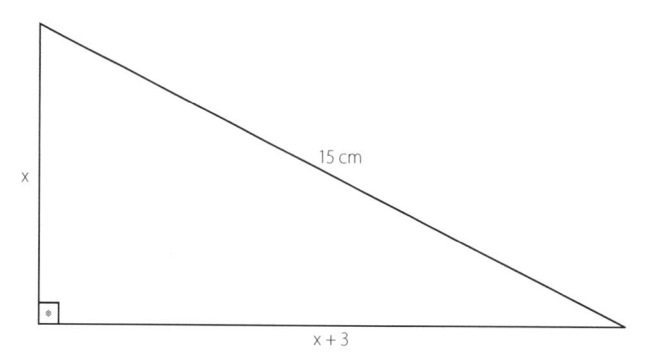

   a) 45 cm²
   b) 50 cm²
   c) 54 cm²
   d) 58 cm²

6. Para cobrir 1 m² de telhado são usadas 20 telhas. Então, para cobrir um telhado retangular de dimensões 8 m x 10 m, quantas telhas serão necessárias?

   a) 880 telhas
   b) 1 450 telhas
   c) 1 600 telhas
   d) 1 750 telhas

7. Uma folha de papelão tem a forma de um paralelogramo e seus lados têm 60 cm e 20 cm. O ângulo agudo do paralelogramo é 30°. Calcule a medida da área dessa folha de papelão. (Dado: seno 30° = 0,5)

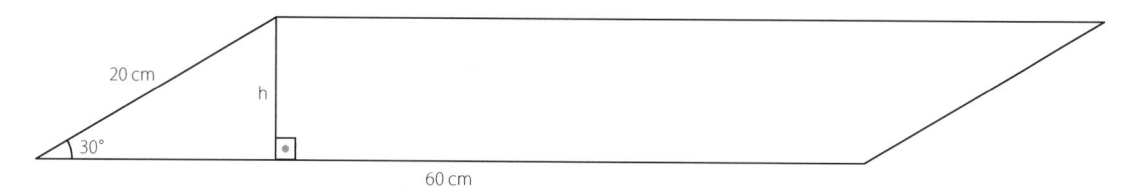

   a) 450 cm²
   b) 500 cm²
   c) 550 cm²
   d) 600 cm²

8. O perímetro de um losango é igual a 200 cm e sua diagonal menor é igual a 60 cm. Calcule a medida da área desse losango.

a) 2 000 cm²
b) 2 400 cm²
c) 2 600 cm²
d) 3 000 cm²

9. Um terreno tem a forma de um trapézio isósceles de bases 40 m e 28 m, com altura de 15 m. Nesse terreno, foi construída uma casa de 12 m de comprimento por 8 m de largura. Qual é a medida da área do terreno que ficou livre?

   a) 250 m²
   b) 269 m²
   c) 414 m²
   d) 510 m²

10. Uma peça de zinco é formada por dois octógonos regulares e oito retângulos, conforme mostra a figura planificada. Despreze a espessura das folhas de zinco e calcule a quantidade (área) necessária para produzir a peça. (Dado: seno 67,5° = 2,4142)

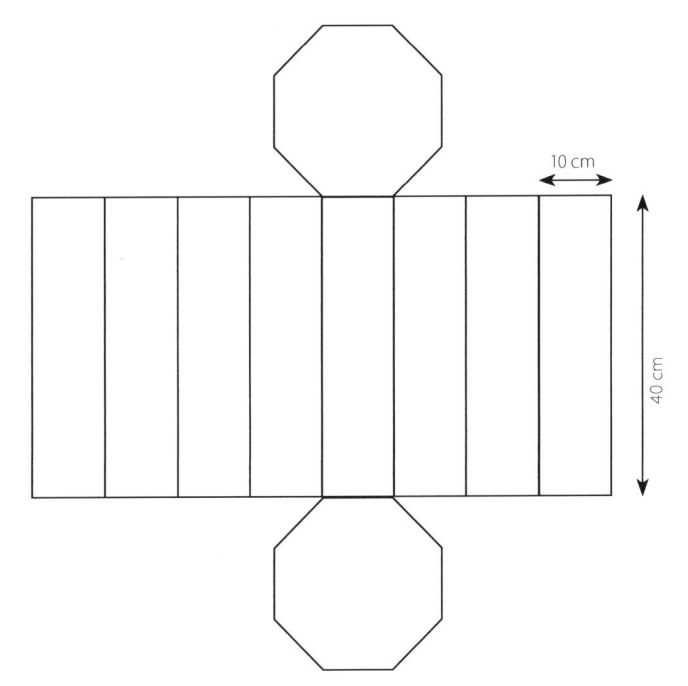

    a) 3 003 cm²
    b) 3 657 cm²
    c) 4 000 cm²
    d) 4 165,6 cm²

Geometria plana e trigonometria

11. Utilizando uma cartolina, Gabriela deseja fazer um cilindro circular reto de 10 cm de diâmetro e 20 cm de altura. Quantos centímetros quadrados ela gastará da cartolina?
    a) 556,90 cm²
    b) 685,30 cm²
    c) 785,40 cm²
    d) 851,70 cm²

8

Circunferência

Conteúdos do capítulo

- Definição de *circunferência* e de *círculo*.
- Arco de circunferência.
- Ângulos inscritos.
- Relação entre cordas.
- Relação entre segmentos secantes a uma circunferência.
- Relação entre segmentos tangentes a uma circunferência.

Após o estudo deste capítulo, você será capaz de:

1. distinguir entre circunferência e círculo;
2. descrever um arco;
3. determinar o valor de ângulos inscritos;
4. determinar a relação entre cordas;
5. descrever a relação entre segmentos secantes a uma circunferência;
6. descrever a relação entre segmentos tangentes a uma circunferência.

No Capítulo 3 iniciamos o estudo da circunferência. Assim, você aprendeu algumas definições básicas e fundamentais para o estudo dos ângulos. Agora nos aprofundaremos nesse estudo e você resolverá uma série de exercícios para enriquecer seu conhecimento.

8.1 Definição de *circunferência*

Dados um número real R e um ponto O, a circunferência é o lugar geométrico de todos os pontos do plano que estão a uma distância R do ponto O, em que R é o raio da circunferência.

Na circunferência a seguir, o ponto O é o seu centro e o segmento $\overline{AB}$, que vai de um ponto a outro da circunferência, passando pelo seu centro (ponto O), é chamado de *diâmetro* (geralmente representado pela letra **d**). O raio R da circunferência é a medida do segmento $\overline{OC}$.

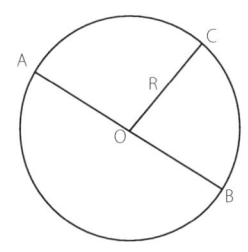

A região interna da circunferência, unida com a própria circunferência, chama-se *círculo*, ou seja, o círculo é composto pela circunferência e por todos os seus pontos interiores.

8.2 Arco de circunferência

Na circunferência a seguir, os pontos A e B definem dois arcos.

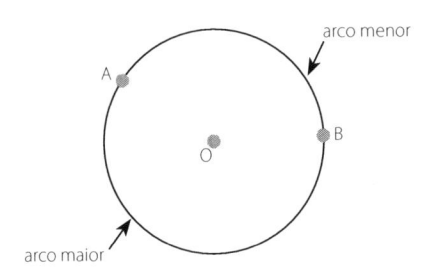

Se os arcos tiverem a mesma medida, então a corda $\overline{AB}$ corresponde ao diâmetro da circunferência. Nesse caso, cada arco é chamado de *semicircunferência*.

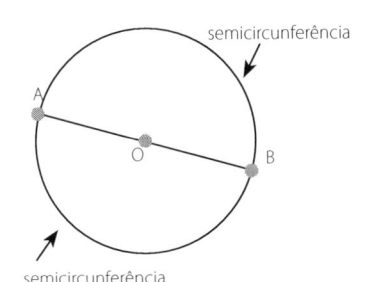

AB = d = 2R

Em que:

AB = medida da segmento $\overline{AB}$

d = diâmetro

Os ângulos que têm vértice no centro da circunferência são denominados *ângulos centrais*. Na figura a seguir, AB é o arco determinado pelo ângulo central AOB.

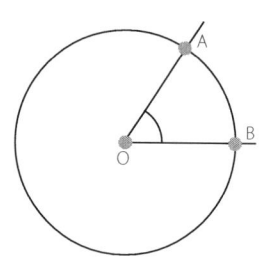

8.3 Ângulos inscritos

Dizemos que um ângulo está inscrito em uma circunferência quando o seu vértice está sobre a circunferência e os segmentos de reta que o formam são secantes à circunferência.

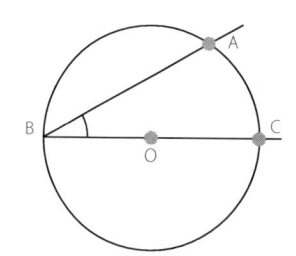

Uma reta é secante a uma circunferência quando ela corta a circunferência em dois pontos.

Existe uma relação importante entre um ângulo inscrito e o ângulo central, delimitados pelos mesmos pontos, que é a seguinte:

A medida de um ângulo inscrito em uma circunferência é igual à metade da medida do ângulo central.

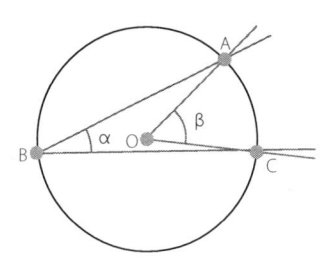

Note que: $\alpha = \dfrac{\beta}{2}$

8.4 Ângulos inscritos no mesmo arco

Vamos iniciar esta seção simulando uma experiência que pode ser realizada por uma turma de alunos. Inserimos alguns personagens para que você possa melhor imaginá-la.

O Professor Otto levou seus alunos para a quadra de esporte a fim de fazê-los constatar uma importante relação trigonométrica. Eles levaram para a quadra o transferidor que o professor utiliza em sala e um rolo de barbante. Veja o desenvolvimento da experiência e a conclusão a que os alunos chegaram.

O docente solicitou que Gabriela e Lucas se posicionassem em dois pontos previamente marcados por ele na circunferência central da quadra: os pontos A e B. Esses dois pontos determinaram dois arcos sobre a circunferência. O professor solicitou ainda que Fernanda se posicionasse no ponto C, Maria Eduarda no ponto D e Leonardo no ponto E, todos sobre o arco maior. Em seguida, o professor orientou que os outros alunos esticassem barbantes unindo os pontos C, D e E aos pontos A e B. Solicitou também que Gustavo e Marcos esticassem um barbante que tangenciasse a circunferência no ponto A. Por fim, pediu que os alunos medissem os ângulos β, θ e γ inscritos no arco maior e o ângulo α formado entre o segmento tangente ao ponto A e o segmento $\overline{AB}$. Você tem ideia de qual foi o resultado encontrado para a experiência realizada pela turma?

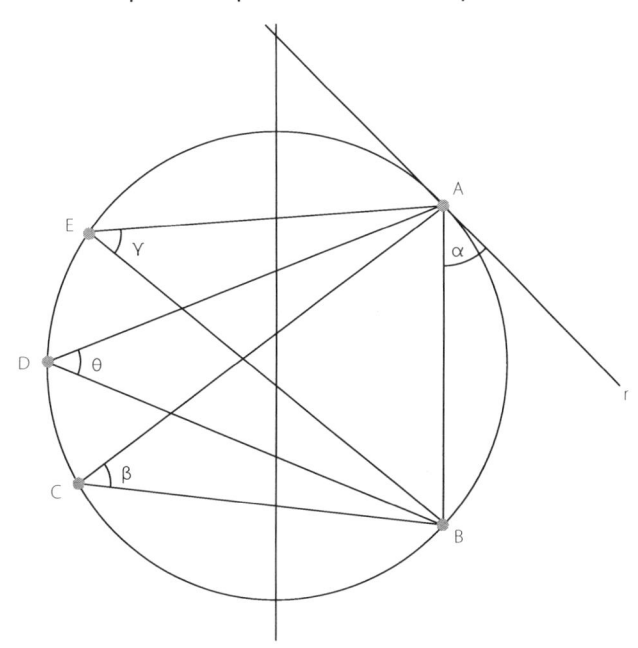

Para a surpresa de todos, os ângulos α, β, θ e γ eram congruentes, ou seja, tinham a mesma medida. Em trigonometria, o arco $\overset{\frown}{AB}$ é chamado de *arco capaz* e todos os ângulos inscritos nele são iguais ao ângulo formado entre a reta que tangencia a circunferência no ponto A e o segmento $\overline{AB}$. Dessa forma, o Professor Otto constatou experimentalmente com a turma que:

Ângulos inscritos em um mesmo arco são congruentes.

8.5 Retificação de arcos

Você estudou as unidades de medidas angulares no Capítulo 3, no qual viu que:

360° = 400 gr = 2π rad

Então, pela definição da medida em radianos, concluímos que o comprimento de um arco qualquer é dado pelo produto de sua medida em radianos pelo seu raio. Veja o arco $\overset{\frown}{AB}$ na circunferência a seguir. R é o raio da circunferência.

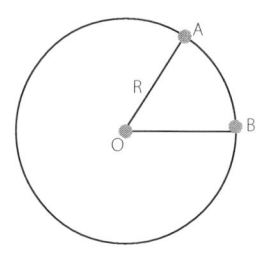

$$\overset{\frown}{AB} = A\hat{O}B \cdot R$$

8.6 Relação entre cordas

Na circunferência a seguir, P é o ponto de interseção entre as cordas $\overline{AB}$ e $\overline{CD}$. O ponto O é o centro da circunferência.

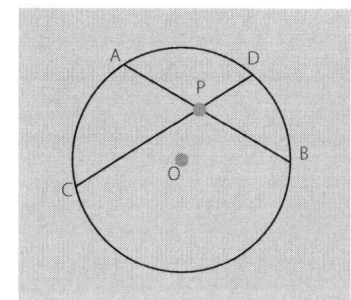

Você sabe qual o significado de *corda* em trigonometria?

Corda é um segmento de reta cujas extremidades pertencem a uma circunferência.

No desenho ao lado, a corda $\overline{AB}$ **intercepta** a corda $\overline{CD}$ no ponto P.

Para você pensar: Qual é a maior corda de uma circunferência?

Resposta: É o diâmetro.

Podemos imaginar que os segmentos determinados pelo ponto P formam dois triângulos semelhantes: o triângulo APC e o triângulo BPD.

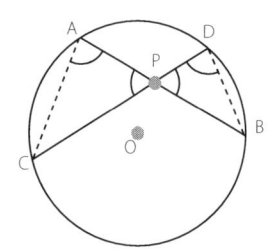

Note que os ângulos $A\hat{P}B$ e $B\hat{P}D$ são congruentes, pois são ângulos opostos pelo vértice.

Os ângulos $\hat{A}$ e $\hat{D}$ são ângulos inscritos no mesmo arco e também são congruentes.

Assim, podemos escrever que a medida do segmento $\overline{PA}$ está para a medida do segmento $\overline{PD}$ assim como a medida do segmento $\overline{PC}$ está para a medida do segmento $\overline{PB}$. Em linguagem matemática, temos:

$$\frac{PA}{PD} = \frac{PC}{PB}$$

ou ainda:

$$PA \cdot PB = PC \cdot PD$$

Experiência:

Com um compasso, desenhe uma circunferência com um raio **r** qualquer.

Marque o centro O da circunferência.

Trace uma corda $\overline{AB}$ e, em seguida, marque o seu ponto médio M.

Trace outra corda $\overline{CD}$ que passa pelo ponto M e pelo ponto O.

O que você observa?

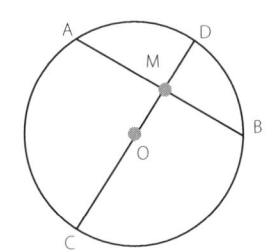

A corda $\overline{CD}$ que passa pelo ponto M (ponto médio da corda $\overline{AB}$) e pelo ponto O (centro da circunferência) é perpendicular à corda $\overline{AB}$.

Podemos mostrar que em geral: Qualquer diâmetro perpendicular a uma corda passa pelo ponto médio dessa corda, ou, equivalentemente, a mediatriz de uma corda passa pelo centro da circunferência.

8.7 Relação entre segmentos secantes a uma circunferência

Uma reta é secante a uma circunferência quando ela corta a circunferência em dois pontos. Dessa forma, a reta secante contém uma corda. Note a seguir que os segmentos de reta $\overline{PA}$ e $\overline{PC}$ são secantes à circunferência.

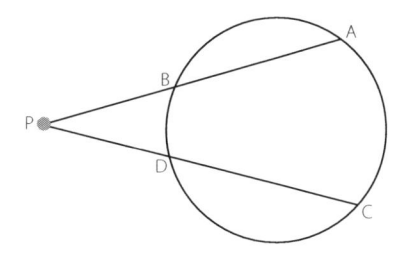

$\overline{PB}$ é a parte externa à circunferência do segmento $\overline{PA}$. Note que o segmento $\overline{PA}$ contém a corda $\overline{AB}$.

Da mesma forma, $\overline{PD}$ é a parte externa à circunferência do segmento $\overline{PC}$. Note também que $\overline{PC}$ contém a corda $\overline{CD}$.

Será que conseguimos estabelecer uma relação entre esses dois segmentos de retas secantes? Para isso, vamos traçar as cordas $\overline{AD}$ e $\overline{BC}$.

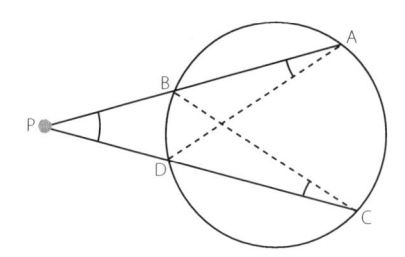

Você já sabe que os ângulos Â e Ĉ são congruentes, ou seja, Â ≅ Ĉ (são ângulos inscritos no mesmo arco).

Logo, os triângulos PAD e PBC são semelhantes: ΔPAD ~ ΔPBC.

Assim, podemos escrever:

$$\frac{PA}{PC} = \frac{PD}{PB}$$

ou, equivalentemente:

$$PA \cdot PB = PC \cdot PD$$

8.8 Relação entre segmentos tangentes a uma circunferência

Você já sabe que uma reta secante corta a circunferência em dois pontos distintos. Já uma reta tangente **intercepta** a circunferência em um único ponto. Esse ponto é conhecido como *ponto de contato* ou *ponto de tangência*. É importante destacar que, no ponto de tangência, a reta tangente é perpendicular ao raio da circunferência.

Na figura a seguir você observa que ambos os segmentos $\overline{PA}$ e $\overline{PB}$ tangenciam a circunferência, que tem centro em O.

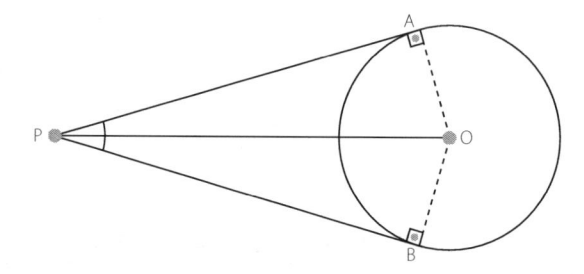

Note que os triângulos OAP e OBP são congruentes, pois ambos têm um ângulo reto, a mesma hipotenusa e, além disso, os segmentos $\overline{OA}$ e $\overline{OB}$ têm a mesma medida, o raio. Assim, fica evidente que os segmentos $\overline{PA}$ e $\overline{PB}$ são congruentes, ou seja, apresentam a mesma medida.

8.9 Relação entre secante e tangente

A seguir, temos uma circunferência em que o segmento $\overline{PA}$ é secante à circunferência e $\overline{PC}$ é um segmento tangente à circunferência. Note também que $\overline{PA}$ contém a corda $\overline{AB}$.

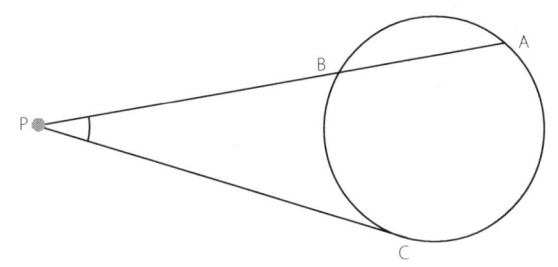

Observe que podemos tracejar as cordas $\overline{AC}$ e $\overline{BC}$ para obter os triângulos semelhantes PAC e PBC: ΔPAC ~ ΔPBC. Esses triângulos são semelhantes porque os ângulos Â e Ĉ são congruentes (caso necessário, reveja, nas seções anteriores, sobre o conceito de *arco capaz* e os ângulos inscritos no mesmo arco).

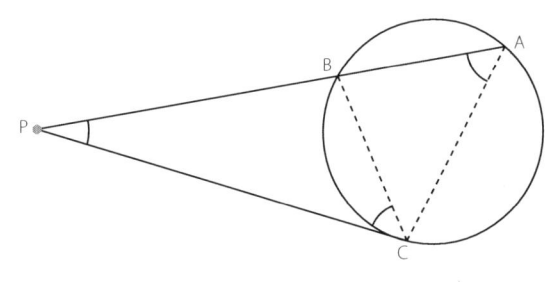

Dessa forma, podemos escrever:

$$\frac{PA}{PC} = \frac{PC}{PB}$$

ou, equivalentemente:

$$PA \cdot PB = PC^2$$

Síntese

Uma circunferência é o lugar geométrico de todos os pontos que estão a uma distância R do centro da circunferência, em que R é o raio da circunferência. A região interna da circunferência unida com a própria circunferência chama-se *círculo*, ou seja, o círculo é composto pela circunferência e por todos os seus pontos internos. Os ângulos que têm vértice no centro da circunferência são denominados *ângulos centrais*. Dizemos que um ângulo está inscrito em uma circunferência quando o seu vértice está sobre a circunferência e os segmentos de reta que o formam são secantes à circunferência. A medida de um ângulo inscrito em uma circunferência é igual à metade da medida do

Geometria plana e trigonometria

ângulo central. Ângulos inscritos em um mesmo arco são congruentes. Uma reta é secante a uma circunferência quando ela corta a circunferência em dois pontos. Já uma reta tangente intercepta a circunferência em um único ponto.

Questões para revisão

1. Na figura a seguir, o arco ABC mede 300°. Qual é o valor dos ângulos α e β?

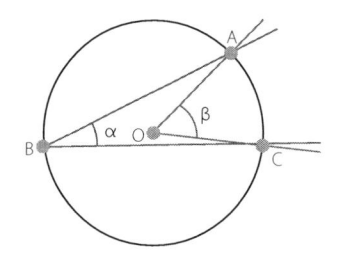

    a) α = 60°; β = 30°
    b) α = 30°; β = 60°
    c) α = 300°; β = 30°
    d) α = 30°; β = 300°

2. Observe a figura a seguir. Se o ângulo α mede 42°, quanto medem os ângulos β, θ e γ?

    a) β = θ = γ = 84°
    b) β = θ = γ = 42°

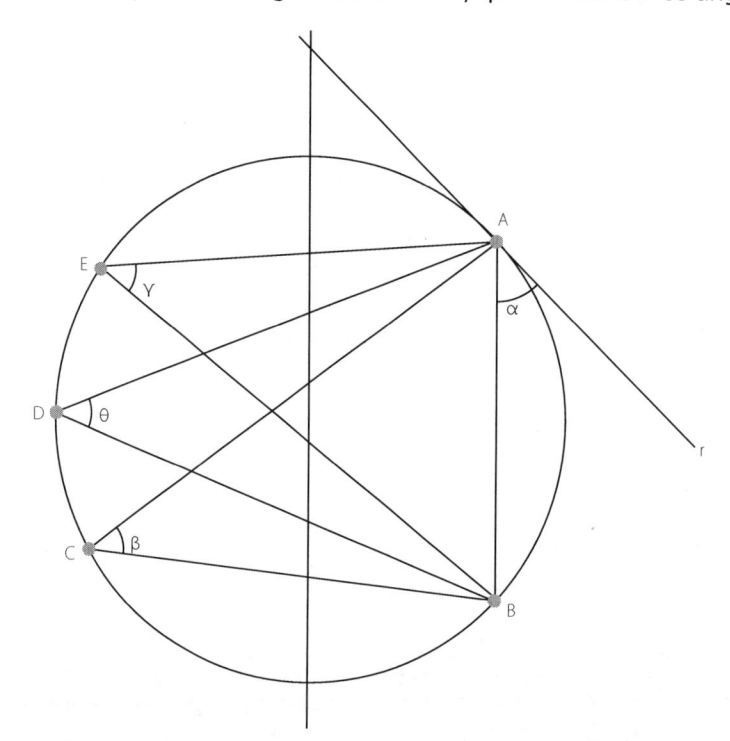

c) β = θ = γ = 21°
d) Não há dados para o cálculo de β, θ e γ.

3. Na figura a seguir, os segmentos $\overline{PA}$ e $\overline{PC}$ são secantes à circunferência. O segmento $\overline{PA}$ mede 18 cm, o segmento $\overline{PB}$ mede 10 cm e o segmento $\overline{PC}$ mede 15 cm. Qual é o valor do segmento $\overline{PD}$?

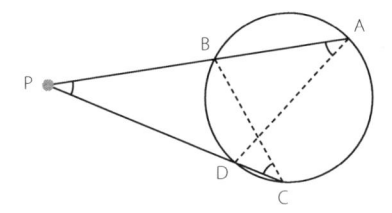

a) 12 cm
b) 9 cm
c) 6 cm
d) 3 cm

4. Na figura a seguir, o segmento $\overline{PC}$ é tangente à circunferência e o segmento $\overline{PA}$ é secante à mesma circunferência. Se $\overline{PA}$ = 20 cm e $\overline{PB}$ = 9,80 cm, qual é o valor de $\overline{PC}$?

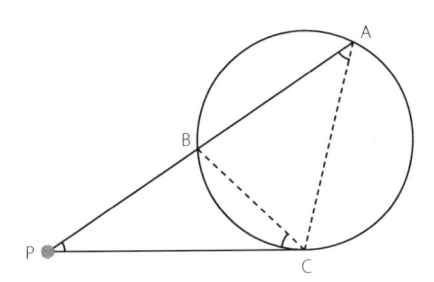

a) 12 cm
b) 10 cm
c) 14 cm
d) 8 cm

9

Exercícios de revisão

1. Os segmentos $\overline{AB}$, $\overline{CD}$, $\overline{EF}$ e $\overline{GH}$, nessa ordem, são proporcionais. Determine a medida do segmento $\overline{CD}$ e, em seguida, marque a alternativa correta.

   Dados:

   AB = 6 cm

   EF = 3 cm

   GH = 5 cm

   a) 10,0 cm

   b) 3,6 cm

   c) 2,5 cm

   d) 4,0 cm

2. Dadas as retas paralelas r//s//t, calcule o comprimento dos segmentos $\overline{AB}$ e $\overline{GH}$.

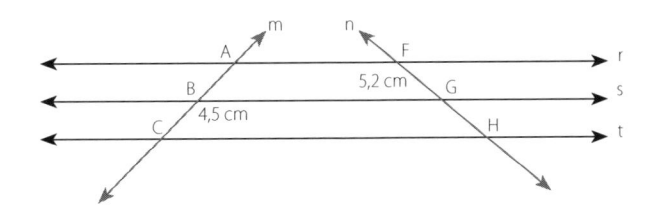

   a) $\overline{AB}$ = 4,8 cm; $\overline{GH}$ = 5,0 cm
   b) $\overline{AB}$ = 5,0 cm; $\overline{GH}$ = 4,8 cm
   c) $\overline{AB}$ = 5,2 cm; $\overline{GH}$ = 4,5 cm
   d) $\overline{AB}$ = 4,5 cm; $\overline{GH}$ = 5,2 cm

3. Os segmentos $\overline{AB}$ e $\overline{CD}$ são:

   a) consecutivos.
   b) colineares.
   c) congruentes.
   d) adjacentes.

4. Calcule a razão entre os segmentos $\overline{AB}$ e $\overline{BC}$ sabendo que $\overline{AB}$ = 64 e $\overline{CD}$ = 128.

   a) 2
   b) $\frac{1}{2}$
   c) $\frac{1}{3}$
   d) $\frac{1}{4}$

5. Dadas as retas paralelas r//s//t e as retas transversais **a** e **b**, calcule o valor da medida **x**.

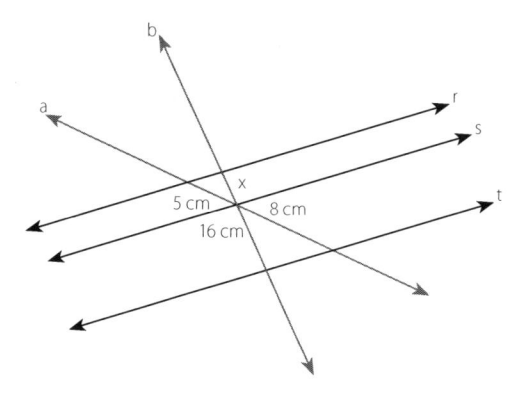

a) 2,5 cm
b) 4,0 cm
c) 10,0 cm
d) 4,5 cm

6. Dadas as retas paralelas r//s//t e as retas transversais **a** e **b**, calcule o valor da medida **x**, sabendo que x > 0.

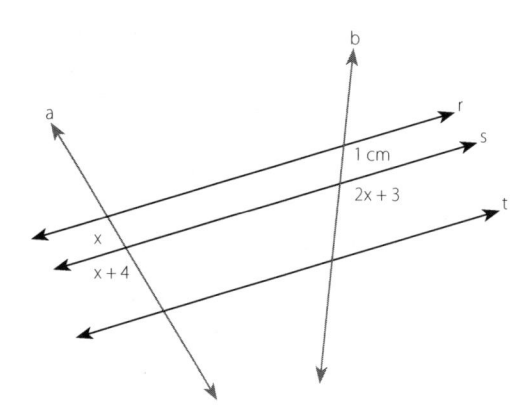

a) 1 cm
b) 2 cm
c) 3 cm
d) 4 cm

7. No desenho a seguir estão representados os terrenos I, II e III.

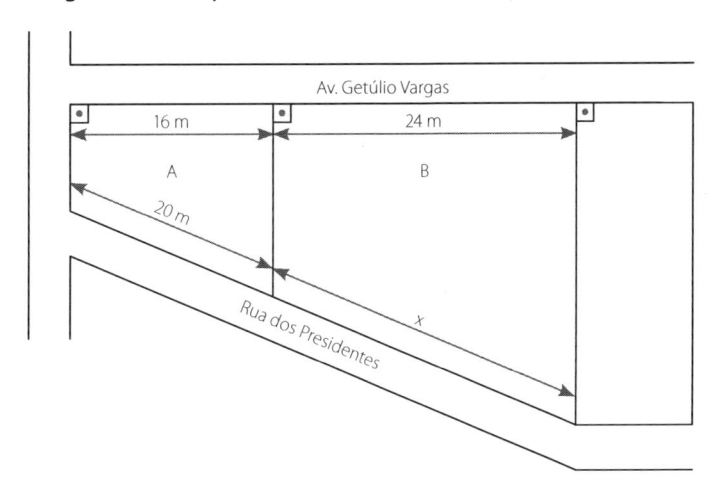

Quantos metros de comprimento deverá ter o muro que o proprietário do terreno B construirá para fechar o lado que faz frente com a Rua dos Presidentes?

   a) 26 m
   b) 28 m
   c) 30 m
   d) 32 m

8. A seguir temos a planta de alguns terrenos localizados em um loteamento qualquer de uma cidade. Temos de ajudar o engenheiro da cidade a calcular os valores dos comprimentos **x** e **y** que estão marcados na figura. Vamos ajudá-lo? Quais são os valores de **x** e de **y**?

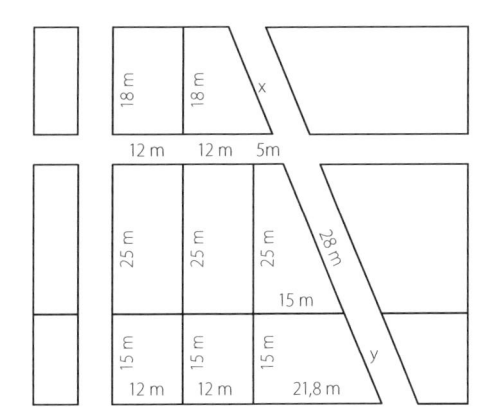

   a) x = 18,60 m; y = 21,60 m
   b) x = 21,60 m; y = 18,60 m
   c) x = 16,80 m; y = 20,16 m
   d) x = 20,16 m; y = 16,80 m

9. Transforme 225 graus em grados.

   a) 250 gr
   b) 160 gr
   c) 202,5 gr
   d) 225 gr

10. Quanto mede o suplemento de um ângulo **x**?

    a) x − 90°
    b) x − 180°
    c) 180° − x
    d) 90° − x

11. Um ângulo α mede x − 40° e um ângulo β mede 2x − 130°. Sabendo que os ângulos α e β são congruentes, quanto vale **x**?

    a) x = 170°
    b) x = 90°
    c) x = 30°
    d) x = 130°

12. Qual é o valor do ângulo α e o valor do ângulo β na figura a seguir?

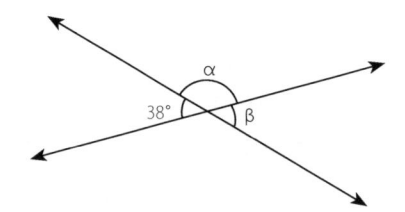

    a) α = 52°; β = 38°
    b) α = 152°; β = 52°
    c) α = 142°; β = 38°
    d) α = 142°; β = 52°

13. A diferença entre dois ângulos agudos é de 55°. Qual é a diferença dos suplementos desses ângulos?

    a) 125°
    b) 55°
    c) 110°
    d) 205°

14. Dois ângulos são complementares. Se um deles mede 10 grados, qual é a medida do outro, em graus?

    a) 90°
    b) 100°
    c) 80°
    d) 81°

15. Transforme 210° em radianos.

    a) $\dfrac{7\pi}{6}$ rad
    b) $\dfrac{6\pi}{7}$ rad
    c) $\dfrac{24\pi}{7}$ rad
    d) $\dfrac{7\pi}{24}$ rad

16. Dois ângulos são adjacentes e complementares. Um dos ângulos mede x + 20° e o outro ângulo mede 3x − 10°. Qual vale **x**?

    a) x = 35°
    b) x = 30°
    c) x = 20°
    d) x = 25°

17. As bissetrizes de dois ângulos consecutivos formam um ângulo de 66°. Um dos ângulos mede 80°. Qual é a medida do outro ângulo?

    a) 26°
    b) 52°
    c) 66°
    d) 114°

Geometria plana e trigonometria

18. As retas **r** e **s** são paralelas. Qual é o valor do ângulo α na figura a seguir?

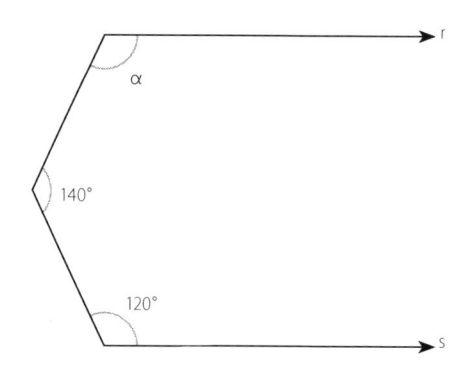

a) 120°
b) 110°
c) 140°
d) 100°

19. As retas **r** e **s** são paralelas. Qual é o valor do ângulo β na figura a seguir?

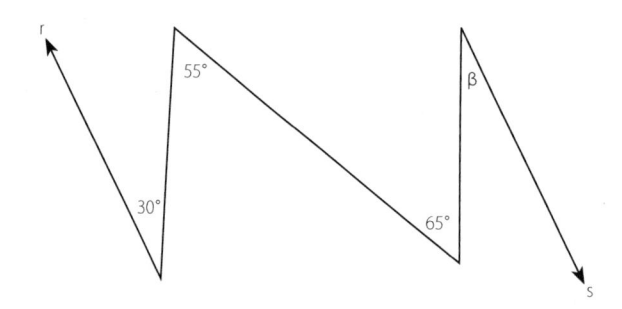

a) 50°
b) 65°
c) 35°
d) 40°

20. Num ΔABC o ângulo Â mede 45°. A medida do ângulo externo no vértice C mede 120°. Qual é a medida dos ângulos interno (B̂) e externo (β) no vértice B?

a) B̂ = 75°; β = 105°
b) B̂ = 55°; β = 125°
c) B̂ = 60°; β = 120°
d) B̂ = 45°; β = 135°

21. Sabendo que $\overline{MN}//\overline{AB}$ e que $\overline{CB}$ = 15 cm, determine as medidas **x** e **y**.

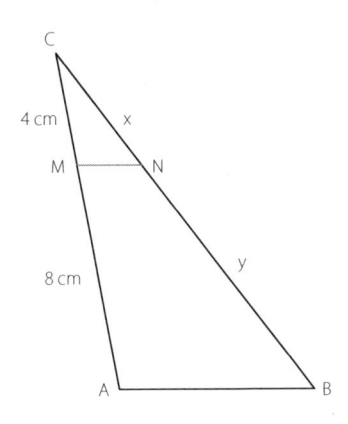

a) x = 6 cm; y = 9 cm
b) x = 5 cm; y = 10 cm
c) x = 9 cm; y = 6 cm
d) x = 10 cm; y = 5 cm

22. Determine o valor de **x** na figura sabendo que $\overline{AM}$ é a bissetriz do ângulo Â.

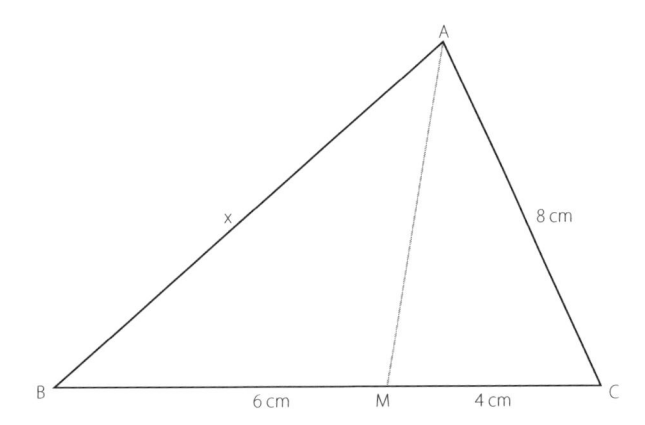

a) x = 8 cm
b) x = 10 cm
c) x = 12 cm
d) x = 14 cm

23. Em um triângulo isósceles, os dois ângulos externos opostos à sua base medem 60° cada um. Qual é a medida dos dois ângulos internos da base do triângulo?

a) 120° e 120°
b) 60° e 60°
c) 40° e 40°
d) 80° e 80°

24. Considere o triângulo a seguir, em que $\overline{AD}$ é a bissetriz do ângulo $\hat{A}$. Determine o valor de **x**.

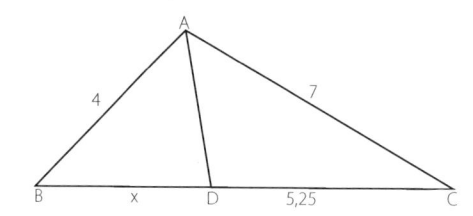

a) x = 3
b) x = 3,5
c) x = 4
d) x = 4,5

25. Sabemos que os lados de um triângulo são a = 10 cm, b = 6 cm e c = 8 cm. Qual é a altura desse triângulo em relação ao lado **a**?

a) 24,0 cm
b) 9,60 cm
c) 4,80 cm
d) 12,0 cm

26. Qual é a área de um triângulo cujos lados são a = 5 cm, b = 6 cm e c = 9 cm?

a) 20,0 cm^2
b) 10,0 cm^2
c) 22,5 cm^2
d) 14,14 cm^2

27. O portão de uma fazenda tem comprimento igual a **x** m e altura igual a 3,0 m. Para reforçar o portão, o proprietário colocou uma trave de madeira que vai do ponto A até o ponto B, com 5,0 m de comprimento. Qual é o comprimento do portão?

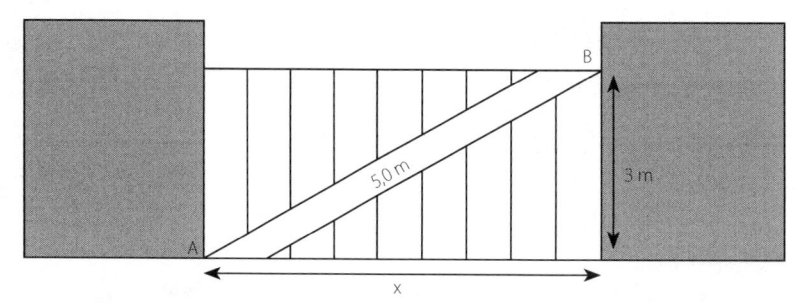

a) 4,0 m
b) 4,5 m
c) 4,8 m
d) 6,0 m

28. De um mesmo aeroporto partem, simultaneamente, dois aviões em sentidos perpendiculares. Um deles viaja com velocidade média constante igual a 600 km/h e outro com velocidade média constante de 900 km/h. Após duas horas, qual é a menor distância entre os aviões?

   a) 2 400,00 km
   b) 2 163,33 km
   c) 3 000,00 km
   d) 2 100,00 km

29. Qualquer triângulo inscrito em uma semicircunferência é um triângulo retângulo. Na figura a seguir, temos o triângulo MNP. Projetando a corda $\overline{MN}$ ortogonalmente sobre o diâmetro $\overline{NP}$, obtemos o segmento $\overline{NQ}$, cuja medida é 8 cm. Sabendo que o raio da circunferência é igual a 6 cm, calcule a medida **x** da corda $\overline{MP}$.

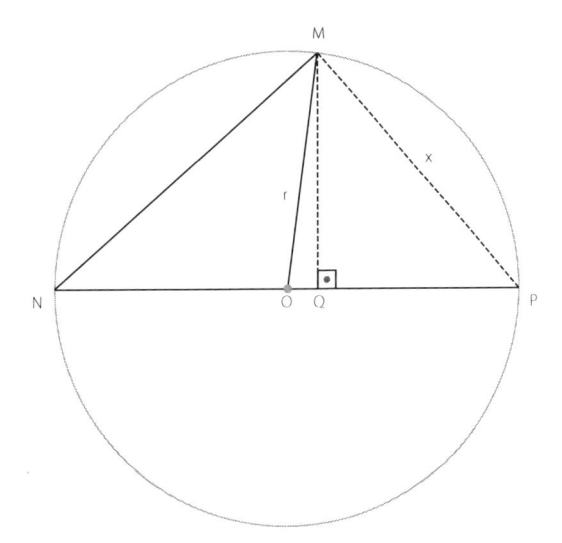

   a) 5 cm
   b) 7 cm
   c) 4 cm
   d) 6 cm

30. Determine o valor de **x** no triângulo retângulo a seguir.

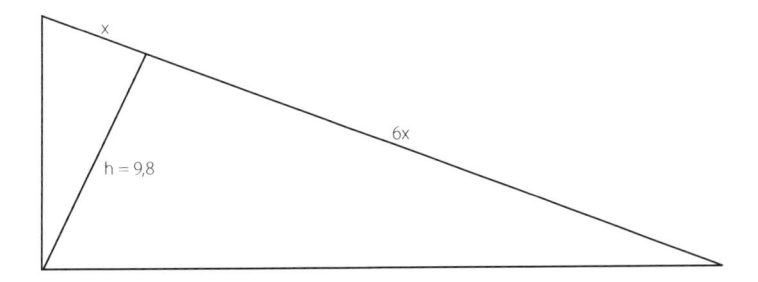

187

a) x = 3,0

b) x = 3,4

c) x = 4,0

d) x = 4,4

31. Determine o valor de **x** no triângulo retângulo a seguir.

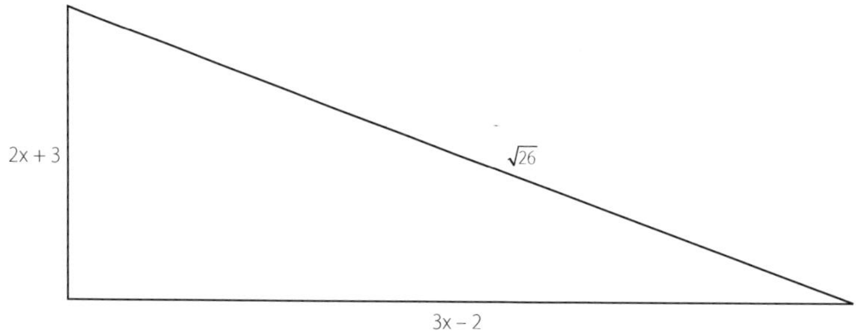

a) x = 1

b) x = 2

c) x = 13

d) x = 0

32. Qual é o valor da diagonal do quadrado a seguir?

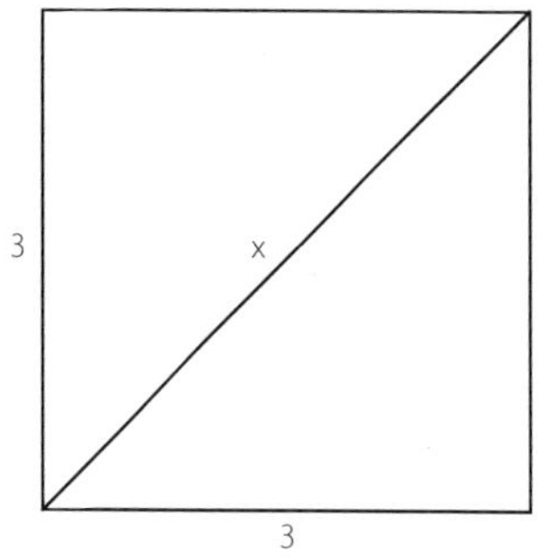

a) x = 9

b) x = 18

c) x = $\sqrt{18}$

d) x = 5

33. Qual é o valor da diagonal do retângulo a seguir?

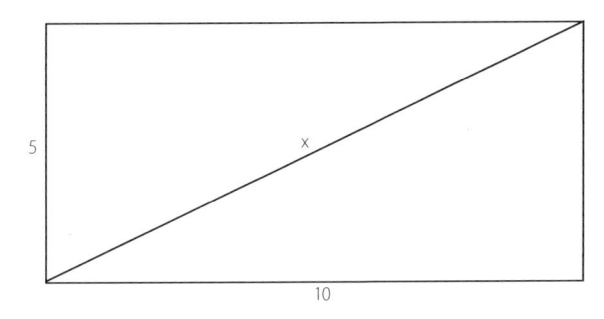

[Retângulo com lados 5 e 10, diagonal x]

a) $x = 15$
b) $x = 5\sqrt{5}$
c) $x = 5\sqrt{10}$
d) $x = 25$

34. Qual é o valor da altura do triângulo isósceles a seguir?

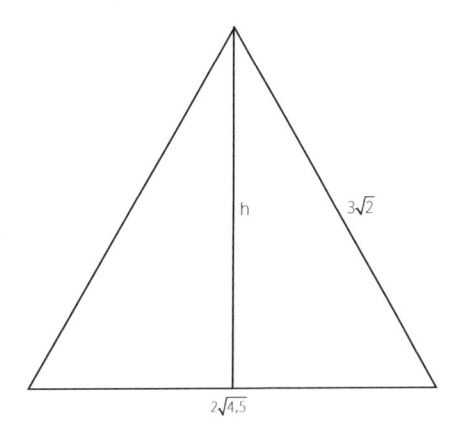

[Triângulo isósceles com lado $3\sqrt{2}$, base $2\sqrt{4{,}5}$ e altura h]

a) $h = 6{,}0$
b) $h = 36{,}0$
c) $h = 10\sqrt{2}$
d) $h = 2\sqrt{18}$

35. Determine o valor de **x** no polígono a seguir.

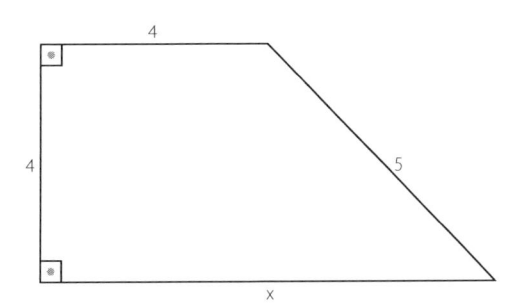

[Polígono com lados 4 (topo), 4 (esquerda), 5 (direita) e x (base)]

189

a) x = 6
b) x = 7
c) x = 8
d) x = 9

36. Os ângulos internos de um triângulo retângulo medem 3x + 5° e 6x − 5°. Quais são os valores desses ângulos?

    a) 30° e 60°
    b) 45° e 45°
    c) 35° e 55°
    d) 10° e 80°

37. Marcel deseja saber qual é a altura do prédio que está representado na figura a seguir. Ele sabe que o cateto adjacente ao ângulo de 45° mede 60 m. Vamos ajudar Marcel? Qual é a altura do prédio?

    a) A altura do prédio é de 6 m.
    b) A altura do prédio é de 30 m.
    c) A altura do prédio é de 60 m.
    d) A altura do prédio é de 66 m.

38. A água utilizada na casa de uma chácara é captada e bombeada de um poço para uma caixa d'água a 80 m de distância. A casa está a 120 m de distância da caixa d'água, e o ângulo formado pelas direções caixa d'água-bomba e caixa d'água-casa é de 45°. Se se pretende bombear água no mesmo ponto de captação até a casa, quantos metros de encanamento serão necessários do poço até a casa?

a) 6 823,55 m

b) 1 200 m

c) 120 m

d) 82,60 m

39. Calcule o valor de cada um dos lados de um triângulo que tem perímetro igual a 23 cm e as seguintes medidas laterais:

$\ell_1 = 3x - 2$

$\ell_2 = 8x + 5$

$\ell_3 = 5x + 4$

a) $\ell_1 = 2$ cm; $\ell_2 = 10$ cm; $\ell_3 = 13$ cm

b) $\ell_1 = 3$ cm; $\ell_2 = 9$ cm; $\ell_3 = 13$ cm

c) $\ell_1 = 1$ cm; $\ell_2 = 10$ cm; $\ell_3 = 12$ cm

d) $\ell_1 = 1$ cm; $\ell_2 = 13$ cm; $\ell_3 = 9$ cm

40. Em um quadrilátero, as medidas dos ângulos são expressas em graus por x + 10°, 3x − 5°, 2x e 2x + 35°. Calcule a medida de cada um dos ângulos.

a) 90°, 90°, 90° e 90°

b) 50°, 115°, 80° e 115°

c) 60°, 100°, 90° e 110°

d) 50°, 125°, 70° e 115°

41. A área de um terreno quadrado é igual a 1 600 m². Calcule o perímetro do terreno sabendo que as dimensões deste podem ser expressas por 2x.

a) 400 m

b) 20 m

c) 40 m

d) 80 m

42. Calcule a área do triângulo retângulo representado a seguir sabendo que o seu perímetro é igual a 24 cm.

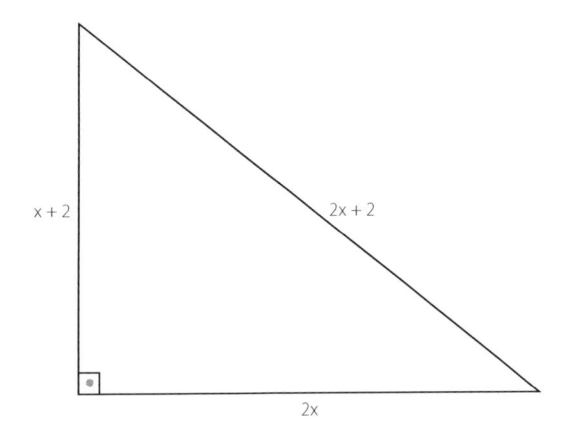

a) 48 cm²

b) 24 cm²

c) 36 cm²

d) 96 cm²

43. Para construir 1 m² de muro, são utilizadas 80 unidades de determinado tipo de tijolo. Então, para construir um muro retangular de dimensões 3 m x 25 m, quantos tijolos serão necessários?

   a) 6 000 tijolos

   b) 8 000 tijolos

   c) 7 500 tijolos

   d) 6 600 tijolos

44. Um paralelogramo tem lados que medem 48 cm e 25 cm. O ângulo obtuso do paralelogramo é 150°. Calcule a medida da área desse paralelogramo. (Dados: sen 150° = sen 30° = 0,5)

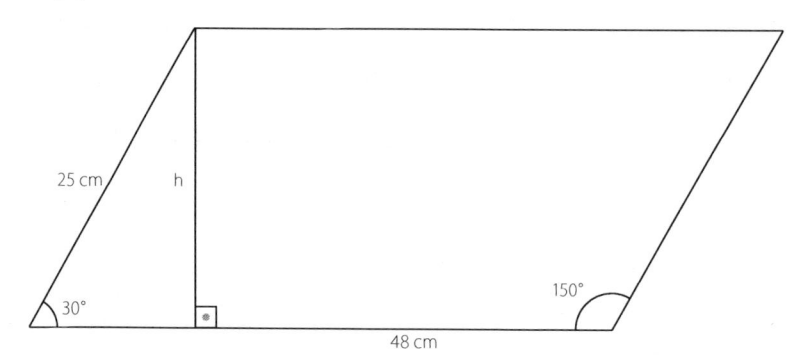

   a) 1 200 cm²

   b) 600 cm²

   c) 300 cm²

   d) 480 cm²

45. O perímetro de um losango é igual a 280 cm e sua diagonal menor é igual a 100 cm. Calcule a medida da área desse losango.

   a) 4 899 cm²

   b) 2 499,5 cm²

   c) 14 000 cm²

   d) 9 798 cm²

46. Um terreno tem a forma de um trapézio isósceles de bases 50 m e 20 m, com altura de 25 m. Nesse terreno, foram construídas duas casas: uma retangular, com 15 m de

comprimento por 8 m de largura, e outra quadrada, com lado igual a 8,5 m. Qual é a medida da área do terreno que ficou livre?

a) 755 m²

b) 875 m²

c) 682,75 m²

d) 192,25 m²

47. (UFPR/NC – 2005 – Copel) Na planta de uma casa, as dimensões da sala são: 6 cm de largura e 10 cm de comprimento. Ao construir a casa, a sala ficou com uma largura de 4,5 m. Qual é a medida da área dessa sala?

a) 33,75 m²

b) 30 m²

c) 27,5 m²

d) 35,25 m²

e) 32,5 m²

48. Utilizando uma cartolina, Luísa deseja fazer um cilindro circular reto de 8 cm de diâmetro e 32 cm de altura. Quantos centímetros quadrados ela gastará da cartolina? (Dado: $\pi = 3{,}1416$)

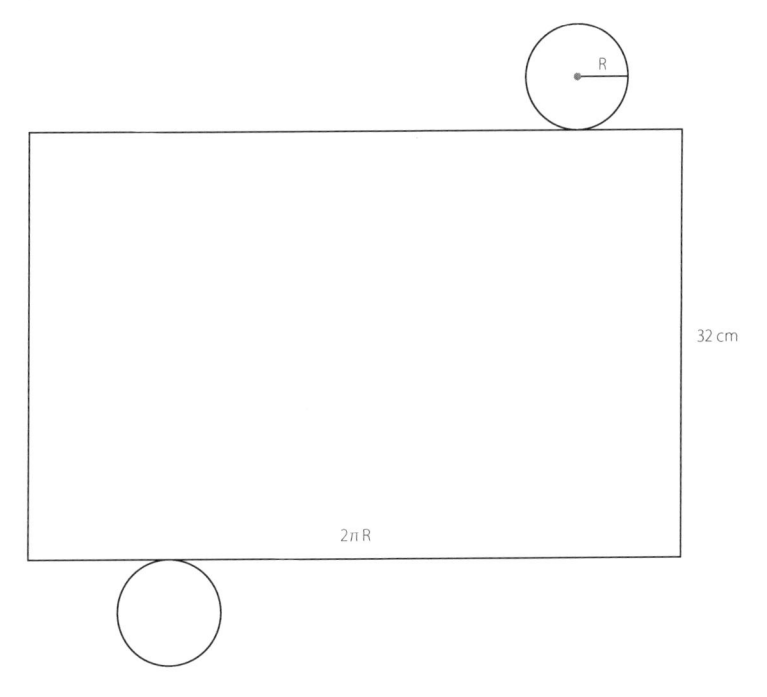

a) 452,39 cm²

b) 829,38 cm²

c) 414,69 cm²

d) 904,78 cm²

49. Na figura a seguir, o arco ABC mede 312°. Qual é o valor dos ângulos α e β?

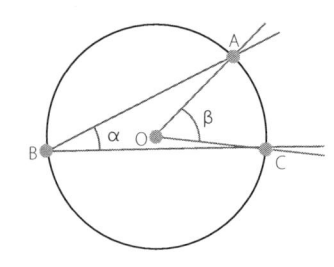

a) α = 48°; β = 24°
b) α = 312°; β = 48°
c) α = 24°; β = 48°
d) α = 48°; β = 312°

50. Observe a figura a seguir. Se o ângulo α mede 30°, quanto medem os ângulos β, θ e γ?

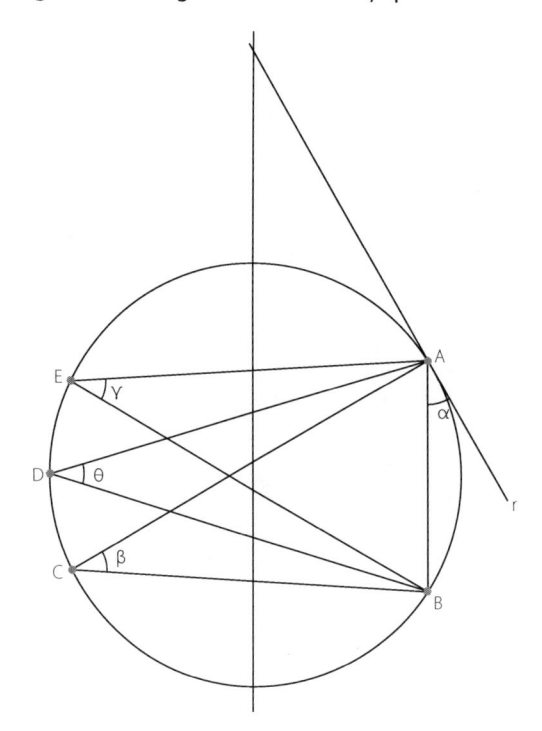

a) β = θ = γ = 30°
b) β = θ = γ = 60°
c) β = θ = γ = 45°
d) Não há dados para o cálculo de β, θ e γ.

51. Na figura a seguir, os segmentos $\overline{PA}$ e $\overline{PC}$ são secantes à circunferência. O segmento $\overline{PB}$ mede 5 cm, o segmento $\overline{PC}$ mede 10 cm e o segmento $\overline{PD}$ mede 6 cm. Qual é o valor do segmento $\overline{AB}$?

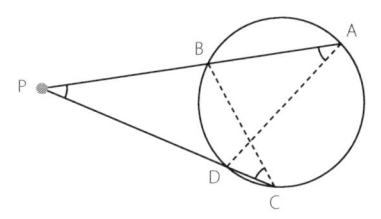

a) 12 cm
b) 7 cm
c) 6 cm
d) 5 cm

52. Na figura a seguir, o segmento $\overline{PC}$ é tangente à circunferência e o segmento $\overline{PA}$ é secante à mesma circunferência. Se $\overline{PA} = 16$ cm e $\overline{PC} = 10$ cm, qual é o valor de $\overline{PB}$?

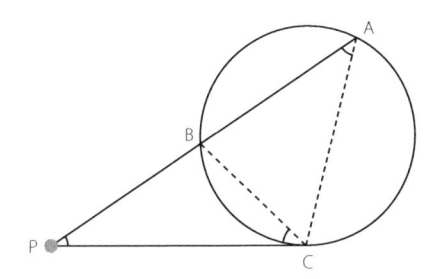

a) 8 cm
b) 8,25 cm
c) 6 cm
d) 6,25 cm

Para concluir...

O estudo da matemática, ao contrário do que a maioria das pessoas imagina, é simples, desde que realizado com certo critério. Deve ser seguida uma sequência lógica, com explicações em textos elaborados com simplicidade, em linguagem dialógica, acompanhados de exemplos resolvidos. Após a análise desses exemplos, o estudante deve praticar, resolvendo outros exercícios similares, normalmente indicados na obra que tem em mãos. A coleção *Desmistificando a Matemática* tem este propósito: tornar a matemática de fácil assimilação e permitir a qualquer pessoa uma evolução natural ao longo do estudo dos capítulos.

Referências

CASTANHEIRA, N. P.; MACEDO, L. R. D. de; ROCHA, A. **Tópicos de matemática aplicada**. Curitiba: Ibpex, 2008.

CHAUI, M. **Iniciação à filosofia**. São Paulo: Ática, 2009.

D'AMBROSIO, U. **Educação matemática**: da teoria à prática. 9. ed. Campinas: Papirus, 2002.

DOLCE, O.; POMPEO, J. N. **Fundamentos de matemática elementar**: geometria plana. 8. ed. São Paulo: Atual, 2005.

ENCICLOPÉDIA BARSA. 3. ed. São Paulo: Barsa Planeta Internacional, 2004.

IEZZI, G. **Fundamentos de matemática elementar**. 7. ed. São Paulo: Atual, 1993. v. 1.

MACHADO, A. dos S. **Matemática**: trigonometria e progressões. São Paulo: Atual, 2010. v. 2. 2º grau.

MARTINS, L. C. **Físicos**: Pitágoras. Disponível em: <http://www.mundofisico.joinville.udesc.br/index.php?idSecao=9&idSubSecao=&idTexto=213>. Acesso em: 30 set. 2013.

MEDEIROS, V. Z. (Coord.). **Pré-cálculo**. 2. ed. São Paulo: Cengage Learning, 2012.

MOYER, R. E.; AYRES JÚNIOR., F. **Trigonometria**. 3. ed. São Paulo: Bookman, 2009. (Coleção Schaum).

O'CONNOR, J. J.; ROBERTSON, E. F. **Giovanni Benedetto Ceva**. Disponível em: <http://www-history.mcs.st-andrews.ac.uk/Biographies/Ceva_Giovanni.html>. Acesso em: 30 set. 2013.

TOLEDO, M.; TOLEDO, M. **Didática de matemática**: como dois e dois – a construção da matemática. São Paulo: FTD, 1997.

Respostas

Capítulo 1

1. c) 12,5 cm

    A proporção é a seguinte:

    $$\frac{AB}{CD} = \frac{EF}{GH}$$

    Assim:

    $$\frac{5}{6} = \frac{EF}{15}$$

    Aplicando a propriedade fundamental das proporções, obtemos:

    $6 \cdot EF = 5 \cdot 15$
    $6 \cdot EF = 75$
    $EF = \frac{75}{6}$
    $EF = 12,5$ cm

2. a) $\overline{BC} = 2,9$ cm; $\overline{FG} = 3,2$ cm

    Como os segmentos $\overline{AB}$ e $\overline{BC}$ são congruentes, não precisamos fazer contas, pois eles têm o mesmo comprimento. O mesmo acontece com os segmentos $\overline{FG}$ e $\overline{GH}$, que também são congruentes. Portanto:

    $AB = BC = 2,9$ cm
    e
    $FG = GH = 3,2$ cm

3. a) consecutivos.

4. c) $\frac{1}{3}$

Capítulo 2

1. a) 28,8 cm

    Uma das proporções que podemos escrever é:

    $$\frac{12}{x} = \frac{10}{24}$$

    Aplicando a propriedade fundamental das proporções, obtemos:

    $10x = 12 \cdot 24$
    $10x = 288$
    $x = \frac{288}{10}$
    $x = 28,8$ cm

2. c) 8 cm

    Pelo teorema de Tales escrevemos:

    $$\frac{x}{x+2} = \frac{2x+4}{25}$$

    Aplicando a propriedade fundamental das proporções, temos:

    $(x + 2)(2x + 4) = 25x$

    Vamos desenvolver os produtos entre os binômios:

    $2x^2 + 4x + 4x + 8 = 25x$

    Agora isolaremos os termos no primeiro membro:

    $2x^2 + 4x + 4x + 8 - 25x = 0$

    Vamos unir os termos semelhantes e obter a equação do segundo grau na sua forma geral:

    $2x^2 - 17x + 8 = 0$

    Os coeficientes dessa equação são os seguintes:

    $a = 2$
    $b = -17$
    $c = 8$

    Vamos agora calcular o discriminante:

    $\Delta = b^2 - 4ab$
    $\Delta = (-17)^2 - 4 \cdot 2 \cdot 8$
    $\Delta = 289 - 64$
    $\Delta = 225$

    Como $\Delta > 0$, temos duas respostas para a equação do segundo grau:

    $$x = \frac{-b \pm \sqrt{\Delta}}{2a}$$

    $$x = \frac{-(-17) \pm \sqrt{225}}{2 \cdot 2}$$

    $$x = \frac{17 \pm 15}{4}$$

    $x_1 = \frac{32}{4} = 8$ cm

$x_2 = \dfrac{2}{4} = 0,5$ cm

A equação do segundo grau nos fornece duas possíveis soluções para o comprimento de **x**. Entretanto, o enunciado afirma que x > 3,8. Logo, a resposta que nos interessa é:

$x^2 = 8$ cm

3. d) 32 m
Os comprimentos paralelos à Rua das Cobras podem ser interpretados como um feixe de retas paralelas. Assim, chamando o comprimento desconhecido de **x**, podemos escrever:

$\dfrac{x}{24} = \dfrac{20}{15}$

Aplicando a propriedade fundamental das proporções, obtemos:
15x = 24 · 20
15x = 480

$x = \dfrac{480}{15} = 32$ m

Portanto, o comprimento do muro deverá ter 32 m.

4. b) x = 16,16 m; y = 21,54 m
Note que as linhas que estão na horizontal podem ser entendidas como um feixe de retas paralelas. Todas as outras retas que cortam o feixe de paralelas são retas transversais. Assim, para calcular o valor de **x**, podemos escrever a seguinte proporção:

$\dfrac{15}{25} = \dfrac{x}{26,93}$

Aplicando a propriedade fundamental das proporções, obtemos:

25x = 15 · 26,93
25x = 403,95

$x = \dfrac{403,95}{25} = 16,16$ m

Para calcular o comprimento **y**, podemos aplicar o mesmo raciocínio e montar a proporção:

$\dfrac{20}{25} = \dfrac{y}{26,93}$

Aplicando a propriedade fundamental das proporções, obtemos:

25y = 20 · 26,93
25y = 538,6

$y = \dfrac{538,6}{25} = 21,54$ m

Capítulo 3

1. c) 202,5°
Sabemos que 225 gr está para 200 gr assim como **x** está para 180°. Escrevendo essa proporção em linguagem matemática, obtemos:

$\dfrac{225 \text{ gr}}{200 \text{ gr}} = \dfrac{x}{180°}$

Aplicando a propriedade fundamental das proporções, obtemos:

200 gr · x = 180° · 225 gr

$x = \dfrac{180° \cdot 225 \text{ g}}{200 \text{ g}}$

Simplificamos a fração e obtemos:

$x = \dfrac{405°}{2} = 202,5°$

Portanto, 225 gr corresponde a 202,5°.

2. d) 0°

3. d) 90° − x

4. a) x = 30°

5. b) α = 130°

6. d) 38°

7. c) 166,667 gr

8. c) $\dfrac{3\pi}{4}$ rad

9. a) x = 35°

10. b) 52°

11. a) 130°

12. d) 40°

Capítulo 4

1. b) $\hat{B} = 47°$; β = 133°
Primeiramente, vamos desenhar um triângulo contendo as informações fornecidas pelo enunciado.

Geometria plana e trigonometria

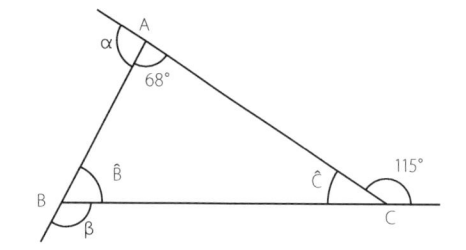

Sabemos que:

$115° + \hat{C} = 180°$

Portanto:

$\hat{C} = 180° - 115° = 65°$

Sabemos também que a soma dos ângulos internos de qualquer triângulo é igual a 180°. Logo:

$\hat{A} + \hat{B} + \hat{C} = 180°$

$68° + \hat{B} + 65° = 180°$

$\hat{B} = 180° - 133° = 47°$

Agora só precisamos calcular o ângulo β, que é o ângulo externo do vértice B.

$\hat{B} + β = 180°$
$47° + β = 180°$
$β = 180° - 47° = 133°$

Portanto, a resposta é $\hat{B} = 47°$ e $β = 133°$.

2. d) O ortocentro, o baricentro e o incentro estão localizados no mesmo ponto e no interior do triângulo.

3. a) x = 7 cm; y = 14 cm
   Note que x + y = 21.
   Aplicando a primeira propriedade das proporções, obtemos:

   $\dfrac{AM + MC}{AM} = \dfrac{x + y}{y}$

   $\dfrac{10 + 5}{10} = \dfrac{21}{y}$

   $15y = 210$

   $y = 14$ cm

   Logo:

   $x + 14 = 21$
   $x = 7$ cm

4. b) x = 4 cm

   Aplicando o teorema da bissetriz interna de um triângulo, obtemos:

   $\dfrac{AC}{CM} = \dfrac{AB}{BM}$

   $\dfrac{x}{2} = \dfrac{6}{3}$

   $3x = 12$

   $x = 4$ cm

5. a) 70° e 70°

6. c) x = 3 cm

7. c) 4,80 cm

8. a) 24,0 cm²

Capítulo 5

1. b) 6,5 m
   Calculamos facilmente o comprimento da trave aplicando o teorema de Pitágoras. Vamos chamar de **x** a medida do segmento $\overline{AB}$. Assim:

   $x^2 = 6^2 + 2,5^2$
   $x^2 = 36 + 6,25$
   $x^2 = 42,25$
   $x = \sqrt{42,25}$
   $x = 6,5$ m

2. d) 94,9 km
   Após três horas, o primeiro navio estará a 30 km do porto e o segundo estará a 90 km do porto. A menor distância entre eles será a medida da hipotenusa do triângulo retângulo cujos catetos são as trajetórias dos navios. Assim:

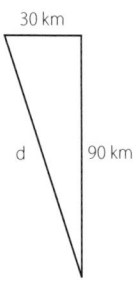

$d^2 = 30^2 + 90^2$
$d^2 = 900 + 8100$
$d^2 = 9000$
$d = \sqrt{9000}$
$d = 94,9$ km

Portanto, a distância entre os navios é 94,9 km.

3. a) 12 cm

   A diferença entre a medida do segmento $\overline{NQ}$ e o raio é igual à medida do segmento $\overline{OQ}$. Vamos obter essa medida:

   OQ = 9 − 8 = 1 cm

   Agora vamos aplicar o teorema de Pitágoras para calcular a medida do segmento $\overline{MQ}$, que chamaremos de **y**:

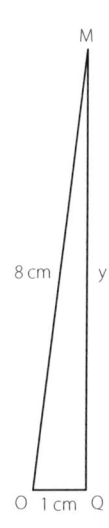

   $8^2 = 1^2 + y^2$
   $64 - 1 = y^2$
   $63 = y^2$
   $\sqrt{63} = y$

   Novamente podemos aplicar o teorema de Pitágoras para calcular o valor de **x**:

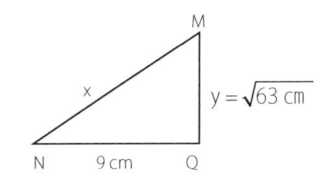

   $x^2 = 9^2 + y^2$
   $x^2 = 81 + 63$
   $x^2 = 144$
   $x = \sqrt{144}$
   $x = 12$ cm

   Portanto, a medida **x** é igual a 12 cm.

4. c) x = 4
5. b) $x = \sqrt{13}$
6. d) x = 5
7. c) $x = 5\sqrt{2}$
8. c) $h = 2\sqrt{3}$
9. c) x = 10
10. a) 30° e 60°

Capítulo 6

1. d) A altura do poste é de 8,39 m.

   Podemos utilizar o conceito de tangente para calcular a altura do poste:

   tg 40° = $\dfrac{\text{cateto oposto}}{\text{cateto adjacente}}$

   Consultando a tabela que construímos anteriormente, verificamos que a tangente de 40° é igual a 0,839. O problema informa que o cateto adjacente é igual a 10 m. Portanto:

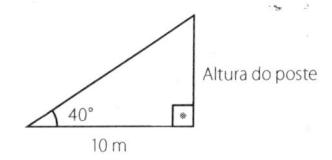

   $0,839 = \dfrac{\text{altura do poste}}{10 \text{ m}}$

   altura do poste = 8,39 m

   Portanto, a altura do poste é de 8,39 m.

2. a) 197 m e 188 m

   Vamos aplicar a lei dos senos para resolver o problema:

   $\dfrac{y}{\text{sen } 80°} = \dfrac{100}{\text{sen } 30°}$

   Sabemos que sen 80° = 0,985 e que sen 30° = 0,5. Assim:

   $\dfrac{y}{0,985} = \dfrac{100}{0,5}$

   $y = \dfrac{100 \cdot 0,985}{0,5}$

   y = 197 m

Geometria plana e trigonometria

Agora precisamos calcular a distância **x**. Novamente vamos utilizar a lei dos senos:

$$\frac{x}{\text{sen } 70°} = \frac{100}{\text{sen } 30°}$$

Sabemos que sen 70° = 0,940 e que sen 30° = 0,5. Assim:

$$\frac{x}{0,940} = \frac{100}{0,5}$$

$$x = \frac{100 \cdot 0,940}{0,5}$$

x = 188 m

Portanto, a distância **y** entre a casa e o gerador de energia é de 197 m e a distância **x** entre o celeiro e o gerador de energia é de 188 m.

3. c) 70 m
Vamos ilustrar a situação para melhor visualizar os dados que o problema nos fornece.

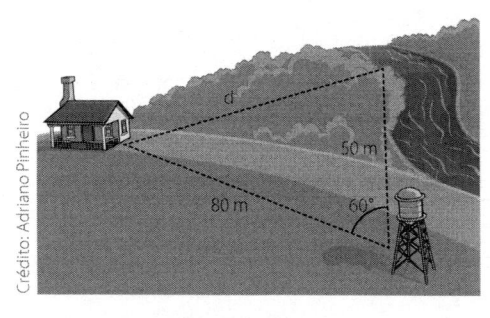

Precisamos calcular a distância **d** que vai da casa até a bomba d'água que está instalada no rio.
Para isso, vamos utilizar a lei dos cossenos:

$d^2 = 80^2 + 50^2 - 2 \cdot 80 \cdot 50 \cdot \cos 60°$
$d^2 = 6\,400 + 2\,500 - 4\,000$
$d^2 = 4\,900$
$d = \sqrt{4\,900}$
d = 70 m

Portanto, a distância entre a bomba d'água e a casa é de 70 m.

Capítulo 7

1. b) $\ell_1 = 30$ cm; $\ell_2 = 48$ cm; $\ell_3 = 64$ cm; $\ell_4 = 60$ cm
Sabemos que a soma de todos os lados é igual a 202 cm. Assim:

6x − 6 + 7x + 6 + 10x + 4 + 8x + 12 = 202
31x + 16 = 202
31x = 202 − 16
$x = \frac{186}{31} = 6$

Agora podemos calcular cada um dos lados do quadrilátero:

$\ell_1 = 6x - 6 = 6 \cdot 6 - 6 = 30$
$\ell_2 = 7x + 6 = 7 \cdot 6 + 6 = 48$
$\ell_3 = 10x + 4 = 10 \cdot 6 + 4 = 64$
$\ell_4 = 8x + 12 = 8 \cdot 6 + 12 = 60$

2. d) 65°, 120°, 60° e 115°
Sabemos que a soma dos ângulos internos de um quadrilátero é igual a 360°. Então, podemos escrever:

x + 25° + 3x + x + 20° + 2x + 35° = 360°
7x + 80° = 360°
7x = 360° − 80° = 280°
$x = \frac{280°}{7} = 40°$

Logo, cada um dos ângulos vale:

x + 25° = 40° + 25° = 65°
3x = 3 · 40° = 120°
x + 20° = 40° + 20° = 60°
2x + 35° = 2 · 40° + 35° = 115°

3. V, F, F, V, F, V

4. a) 160 m
Vamos representar o terreno por meio do retângulo a seguir:

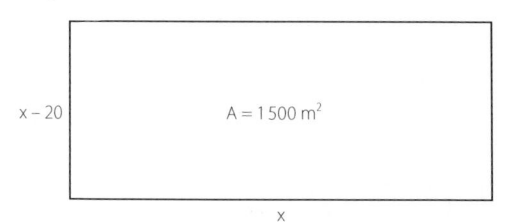

x − 20	A = 1 500 m²	
	x	

Para calcular o perímetro do terreno, temos de calcular o valor de **x**. Sabemos que a área de um retângulo é equivalente ao produto dos lados do retângulo. Assim:

$A = x \cdot (x - 20) = 1\,500$
$x^2 - 20x = 1\,500$
$x^2 - 20x - 1\,500 = 0$

Para descobrir o valor de **x**, basta resolver a equação do segundo grau. Os coeficientes dessa equação são os seguintes:

a = 1
b = −20
c = −1 500

Primeiramente, vamos calcular o valor do discriminante:

$\Delta = b^2 - 4ac$
$\Delta = (-20)^2 - 4 \cdot 1 \cdot (-1\,500)$
$\Delta = 400 + 6\,000$
$\Delta = 6\,400$

Como $\Delta > 0$, a equação tem duas soluções reais diferentes. Vamos calcular essas duas soluções:

$x = \dfrac{-b \pm \sqrt{\Delta}}{2a}$

$x = \dfrac{-(-20) \pm \sqrt{6\,400}}{2 \cdot 1}$

$x = \dfrac{20 \pm 80}{2}$

$x_1 = \dfrac{20 + 80}{2} = \dfrac{100}{2} = 50$

$x_2 = \dfrac{20 - 80}{2} = \dfrac{-60}{2} = -30$

Como o comprimento do terreno não pode ser negativo, a resposta que admitimos como verdadeira é:

x = 50 m

Portanto, as dimensões do terreno são 50 m × 30 m e o seu perímetro é igual a 160 m.

5. c) 54 cm²
   Primeiramente, temos de calcular o valor de **x**. Para isso, vamos aplicar o teorema de Pitágoras:

   $15^2 = x^2 + (x + 3)^2$
   $225 = x^2 + x^2 + 6x + 9$
   $2x^2 + 6x - 216 = 0$
   $x^2 + 3x - 108 = 0$

   Para calcular o valor de **x**, temos de resolver a equação do segundo grau:

   a = 1
   b = 3
   c = −108

Vamos calcular o valor do discriminante:

$\Delta = b^2 - 4ac$
$\Delta = 3^2 - 4 \cdot 1 \cdot (-108)$
$\Delta = 9 + 432$
$\Delta = 441$

Como $\Delta > 0$, a equação tem duas soluções reais diferentes. Vamos calcular essas duas soluções:

$x = \dfrac{-b \pm \sqrt{\Delta}}{2a}$

$x = \dfrac{-3 \pm \sqrt{441}}{2 \cdot 1}$

$x = \dfrac{-3 \pm 21}{2}$

$x_1 = \dfrac{-3 + 21}{2} = \dfrac{18}{2} = 9$

$x_2 = \dfrac{-3 - 21}{2} = \dfrac{-24}{2} = -12$

Como **x** tem de ser positivo, a resposta que nos interessa é $x_1 = 9$. Portanto, os lados do triângulo retângulo valem:

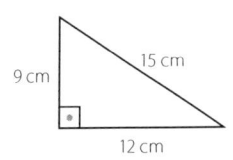

9 cm, 15 cm, 12 cm

Para calcular a área do triângulo, basta aplicar a fórmula:

$A = \dfrac{b \cdot h}{2}$

$A = \dfrac{12 \cdot 9}{2} = 54 \text{ cm}^2$

6. c) 1 600 telhas
   Precisamos calcular a área total do telhado para, então, descobrir a quantidade de telhas que serão usadas. Assim:

   A = 80 m²

   Se, para cobrir 1 m² de telhado, são utilizadas 20 telhas, então, para cobrir 80 m² de telhado, serão utilizadas:

   T = 80 · 20 = 1 600 telhas

7. d) 600 cm²
   A área de um paralelogramo é calculada multiplicando-se a sua base pela sua altura. Precisamos,

Geometria plana e trigonometria

então, calcular o valor de **h**. Para isso, vamos utilizar a razão trigonométrica seno:

$$\text{sen } 30° = \frac{\text{cateto oposto}}{\text{hipotenusa}} = \frac{h}{20}$$

$$0,5 = \frac{h}{20}$$

$$h = 0,5 \cdot 20 = 10 \text{ m}$$

Agora basta multiplicar a medida da base pela medida da altura para obter a área do paralelogramo:

$$A = b \cdot h$$
$$A = 60 \text{ cm} \cdot 10 \text{ cm}$$
$$A = 600 \text{ cm}^2$$

8. b) $2\,400 \text{ cm}^2$

Uma forma de calcular a área do losango é saber a medida de suas diagonais. Uma vez que já conhecemos o valor da diagonal menor, vamos fazer um desenho para melhor visualizar como podemos calcular a diagonal maior.

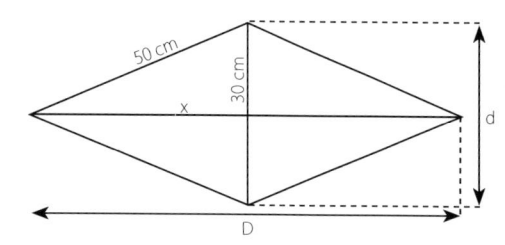

Note que:

$$D = 2x$$

Para calcular o valor de **x**, basta aplicar o teorema de Pitágoras:

$$50^2 = 30^2 + x^2$$
$$2\,500 - 900 = x^2$$
$$x^2 = 1\,600$$
$$x = \sqrt{1\,600} = 40 \text{ cm}$$

Portanto, a diagonal maior do losango é igual a 80 cm e sua área é:

$$A = \frac{D \cdot d}{2}$$

$$A = \frac{80 \text{ cm} \cdot 60 \text{ cm}}{2}$$

$$A = 2\,400 \text{ cm}^2$$

9. c) 414 m^2

Primeiramente, vamos calcular a área do trapézio:

$$A = \frac{(B + b) \, h}{2}$$

$$A = \frac{(40 + 28) \cdot 15}{2}$$

$$A = \frac{68 \cdot 15}{2} = 510 \text{ m}^2$$

Agora vamos calcular a área retangular ocupada pela casa:

$$A = 12 \cdot 8 = 96 \text{ m}^2$$

Portanto, a área livre do terreno é:

$$A = 510 \text{ m}^2 - 96 \text{ m}^2 = 414 \text{ m}^2$$

10. d) $4\,165,6 \text{ cm}^2$

Calcular a área retangular não exige muito esforço:

$$A = 40 \text{ cm} \cdot 80 \text{ cm} = 3\,200 \text{ cm}^2$$

Para calcular a área de cada octógono, precisamos conhecer a medida de seu apótema. Para isso, vamos analisar a figura a seguir.

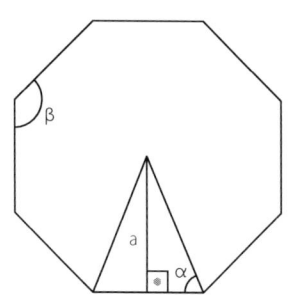

Vamos calcular β e α:

$$\beta = \frac{(n - 2) \cdot 180°}{n} = \frac{6 \cdot 180°}{8} = 135°$$

$$\alpha = \frac{\beta}{2} = \frac{135°}{2} = 67,5°$$

Agora que conhecemos o ângulo α, podemos calcular o apótema do octógono:

$$\text{tg } 67,5° = \frac{a}{5}$$

$$2,4142 = \frac{a}{5}$$

$$a = 12,07 \text{ cm}$$

Álvaro Emílio Leite • Nelson Pereira Castanheira

Vamos aplicar a fórmula que permite calcular a área de qualquer polígono:

$$A = n \cdot \frac{\ell \cdot a}{2}$$

$$A = 8 \cdot \frac{10 \cdot 12,07}{2} = 482,8 \text{ cm}^2$$

Portanto, a área total da peça será:

$A = 3\,200 \text{ cm}^2 + 2 \cdot 482,8 \text{ cm}^2$
$A = 4\,165,6 \text{ cm}^2$

11. c) $785,40 \text{ cm}^2$

A seguir está o desenho do cilindro circular reto e de sua planificação.

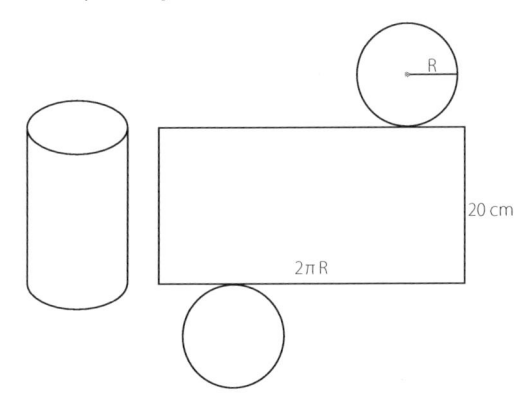

Note que, para saber a quantidade de cartolina que Gabriela gastará, temos de calcular a área de um retângulo de dimensões 20 cm x 2π · R e somar com o dobro da área de um círculo, cujo raio é 5 cm. Assim:

$A = 2\pi R \cdot 20 + 2\pi R^2$
$A = 2\pi \cdot 5 \cdot 20 + 2\pi \cdot 5^2$
$A = 2\pi \cdot 5 \cdot (20 + 5)$
$A = 2\pi \cdot 5 \cdot 25$
$A = 785,40 \text{ cm}^2$

Portanto, Gabriela utilizará $785,40 \text{ cm}^2$ de cartolina.

Capítulo 8

1. b) $\alpha = 30°$; $\beta = 60°$
2. b) $\beta = \theta = \gamma = 42°$
3. a) 12 cm
4. c) 14 cm

Capítulo 9

1. a) 10,0 cm
2. d) AB = 4,5 cm; GH = 5,2 cm
3. b) colineares.
4. b) $\frac{1}{2}$
5. c) 10,0 cm
6. a) 1 cm
7. c) 30 m
8. d) x = 20,16 m; y = 16,80 m
9. a) 250 gr
10. c) 180° − x
11. b) x = 90°
12. c) α = 142°; β = 38°
13. b) 55°
14. d) 81°
15. a) $\frac{7\pi}{6}$ rad
16. c) x = 20°
17. b) 52°
18. d) 100°
19. d) 40°
20. a) $\hat{B} = 75°$; β = 105°
21. b) x = 5 cm; y = 10 cm
22. c) x = 12 cm
23. b) 60° e 60°
24. a) x = 3
25. c) 4,80 cm
26. d) $14,14 \text{ cm}^2$
27. a) 4,0 m
28. b) 2 163,33 km
29. d) 6 cm

30. c) x = 4,0
31. a) x = 1
32. c) x = $\sqrt{18}$
33. b) x = $5\sqrt{5}$
34. a) h = 6,0
35. b) x = 7
36. c) 35° e 55°
37. c) A altura do prédio é de 60 m.
38. d) 82,60 m
39. d) ℓ_1 = 1 cm; ℓ_2 = 13 cm; ℓ_3 = 9 cm
40. b) 50°, 115°, 80° e 115°
41. d) 80 m
42. b) 24 cm^2
43. a) 6 000 tijolos
44. b) 600 cm^2
45. a) 4 899 cm^2
46. c) 682,75 m^2
47. a) 33,75 m^2
48. d) 904,78 cm^2
49. c) α = 24°; β = 48°
50. a) β = θ = γ = 30°
51. b) 7 cm
52. d) 6,25 cm

Sobre os autores

Álvaro Emílio Leite é graduado em Física pela Universidade Federal do Paraná (UFPR), especialista em Ensino a Distância pela Faculdade Internacional de Curitiba (Facinter), mestre e doutor em Educação pela UFPR. Ministra aulas de Física e Matemática desde 2001, tendo atuado como professor do ensino fundamental, médio e superior. Em sua trajetória acadêmica, já participou de programas de iniciação científica e projetos de extensão universitária, foi tutor de acadêmicos de Física nas escolas públicas em que atuou, além de já ter participado de vários simpósios e congressos nacionais e internacionais sobre educação. Atualmente, é professor do departamento de Física da Universidade Tecnológica Federal do Paraná (UTFPR) onde ministra aulas para o curso de Física e cursos de engenharia.

Nelson Pereira Castanheira é graduado em Eletrônica pela UFPR e em Matemática, Física e Desenho Geométrico pela Pontifícia Universidade Católica do Paraná (PUCPR). É especialista em Análise de Sistemas e em Finanças e Informatização, mestre em Administração de Empresas com ênfase em Recursos Humanos e doutor em Engenharia de Produção com ênfase em Qualidade pela Universidade Federal de Santa Catarina (UFSC). Atua no magistério desde 1971, tendo exercido os cargos de professor e coordenador de Telecomunicações da Escola Técnica Federal do Paraná, professor do Centro Universitário Campos de Andrade (Uniandrade), professor e coordenador da Universidade Tuiuti do Paraná (UTP), professor e coordenador do Instituto Brasileiro de Pós-Graduação e Extensão (Ibpex), professor e coordenador da Faculdade de Tecnologia Internacional (Fatec Internacional). Ocupou os cargos de pró-reitor de pós-graduação e pesquisa e de graduação e extensão do Centro Universitário Internacional Uninter.

Impressão: BSSCARD
Abril/2014